AF346533

» remercie. Je dois aujourd'hui remplir les miens
» envers vous : je dois vous faire connaître :

» Que les actes du gouvernement depuis le
» 1er avril, et qui ne nous étaient parvenus
» que par des voies étrangères, sont annon-
» cés par les bulletins des lois ; ils sont dès-
» lors officiels.

« Que l'abdication de l'empereur Napoléon
» à l'empire français, est formelle ; que le
» sénat, le peuple et cette abdication même,
» nous délient de nos sermens envers lui : »

« Qu'un acte constitutionnel du sénat et
» le vœu de la patrie rappellent les Bourbons
» au trône qu'ils ont illustré pendant tant de
» siècles, et que Louis-Stanislas-Xavier est
» proclamé roi des Français.»

« Soldats ! l'honneur et la patrie nous rangent
» sous sa bannière. Dégagés de nos anciens

---

continuons de marcher dans le chemin de l'honneur ; conser-
vons cette attitude calme, noble et fière qui nous a mérité l'es-
time du prince, celle des peuples de l'Italie, de son armée et
même de l'ennemi.

Les ordres du gouvernement nous parviendront sans doute
avant d'arriver à nos frontières, notre devoir est d'obéir ; nous
n'avons pas à délibérer. En ne nous livrant pas à des sugges-
tions étrangères, en ne déviant pas du sentier de l'honneur, en
conservant cette discipline qui distingue l'armée française, la
patrie reverra une armée digne d'elle, et toujours prête à défendre sa cause.

LE

CABINET

DU JEUNE

Naturaliste.

Metz. — Imprimerie d'E. HADAMARD

LE CABINET
DU JEUNE
NATURALISTE,

OU

TABLEAUX INTÉRESSANS

DE L'HISTOIRE DES ANIMAUX ;

OFFRANT LA DESCRIPTION

De la nature, des mœurs et habitudes des Quadrupèdes, Oiseaux, Poissons, Amphibies, Reptiles, etc., les plus remarquables du monde connu, et classés dans un ordre systématique :

Ouvrage enrichi de soixante-cinq belles gravures;

TRADUIT DE L'ANGLAIS,

DE M. Thomas SMITH.

QUATRIÈME ÉDITION,

Revue, corrigée, et augmentée d'un grand nombre d'anecdotes inédites et des plus curieuses,

PAR A. ANTOINE (DE SAINT-GERVAIS),

AUTEUR DES ANIMAUX CÉLÈBRES.

TOME TROISIÈME.

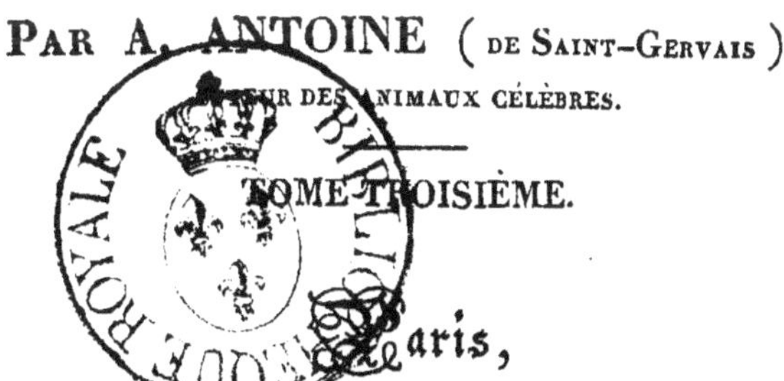

Paris,

A LA LIBRAIRIE POUR LA JEUNESSE,

DE **F. BELLAVOINE**, LIBRAIRE-ÉDITEUR,

Quai des Augustins, n°. 37.

1830.

LE CABINET

DU

JEUNE NATURALISTE.

CHAPITRE I.

DES OISEAUX EN GÉNÉRAL.

INTRODUCTION.

Il n'est point de classe parmi les êtres organisés,
où la sagesse du Créateur, variée dans ses plans,
et incomparable dans son exécution, brille d'une
manière plus remarquable que dans les différentes
espèces d'oiseaux. Leur organisation, leurs habitudes, sont admirablement adaptées aux fonctions
que chacun d'eux doit remplir. Chaque partie de
leur corps semble formée pour traverser les régions aériennes : l'un s'élance par secousses mul-
tipliées, tandis que l'autre, se glissant doucement
dans l'atmosphère, la fend d'un vol égal et uni-

forme. Le premier ne fait, pour ainsi dire, qu'effleurer la terre, l'autre s'élève jusqu'aux nuages : tous cependant peuvent, dans leur course, changer de direction avec une promptitude étonnante, et descendre d'une hauteur prodigieuse au lieu qu'ils désirent, avec la même sûreté et la même précision.

Leurs corps sont couverts de plumes, qui servent non-seulement à les préserver du froid et de l'humidité, et à faire éclore leurs petits, mais qui sont encore ce qu'il y a de plus convenable pour le vol ; elles sont adhérentes au corps. placées l'une sur l'autre, comme les tuiles d'une maison, et posées de devant en arrière, afin de fendre l'air avec plus de facilité. Un duvet court et extrêmement doux remplit l'espace existant entre la tige de chaque plume, et entretient le corps dans une agréable chaleur. Les ailes sont construites de manière qu'en les frappant en en-bas, elles s'étendent infiniment ; les muscles qui les font mouvoir ont été regardés, d'après plusieurs expériences, comme formant la sixième partie du poids du corps entier.

Le vol de tous les oiseaux s'effectue ainsi : d'abord l'oiseau quitte la terre en faisant un saut violent, puis il étend ses ailes et les frappe en en-bas avec force ; elles sont alors dans une direction

oblique, une partie en haut, et l'autre horizontalement en avant. La force de cette partie tendante
vers le haut est détruite par le poids de l'oiseau,
et la force horizontale sert à le porter en avant.
Cette première secousse donnée, il fait mouvoir
ses ailes, qui éprouvent peu de résistance dans
l'air, étant resserrées, et ayant la pointe dirigée
en haut. Pour tourner à droite ou à gauche, l'oiseau frappe fortement l'aile opposée au côté où
il veut aller. La queue agit comme le gouvernail
d'un navire, excepté que ses mouvemens, au lieu
d'être de côté, sont de haut en bas. Si l'oiseau a
dessein de s'élever, il élève sa queue ; s'il veut
descendre, il l'abaisse ; il ne la tient droite que
lorsqu'il est dans une position horizontale. On a
remarqué qu'un oiseau, lorsque ses ailes sont
étendues, peut planer pendant quelque temps
horizontalement sans les agiter, parce qu'étant
parallèles à l'horizon, elles n'éprouvent qu'une
très-légère résistance, et que l'oiseau a acquis une
rapidité suffisante. Quand il commence à baisser,
il peut aisément se diriger en haut en élevant sa
queue, jusqu'à ce qu'il lui soit nécessaire de renou-
veler ce mouvement par deux ou trois secousses
de ses ailes. En descendant, il étend ses ailes et
sa queue contre l'air pour le fendre avec plus de
force.

Chez les oiseaux, le centre de gravité est derrière les ailes, et pour le contrebalancer, quelques-uns sont obligés, en volant, de pousser en avant la tête et le cou. Ce mouvement est commun dans le vol des canards, des oies, et de plusieurs autres es- pèces d'oiseaux aquatiques, dont le centre de gra- vité est placé beaucoup plus en arrière que chez les oiseaux terrestres. La tête et le long cou du héron, au contraire, quoique pliés pendant le vol, l'emportent sur le reste du corps; et la longueur de ses jambes, nécessaire pour faire le contre-poids, supplée en même temps à ce qui manque par la briéveté de la queue.

Afin que le plumage de ces animaux ne soit pas continuellement imbibé de l'humidité qui règne dans l'atmosphère, ou qu'il n'absorbe pas la pluie au point que cela nuise au vol, la nature pré- voyante les a munis de deux glandes placées sur le croupion, et dans lesquelles il y a toujours une certaine quantité d'huile. Ils l'en font sortir avec le bec, et s'en servent pour graisser leurs plumes. Les oiseaux qui partagent l'habitation de l'homme, et qui sont presque toujours à couvert, ont moins souvent recours à ce fluide que ceux qui mènent une vie errante, et qui sont exposés à l'air; mais les oiseaux aquatiques en ont une telle quantité; que leur chair en contracte quelquefois un goût rance.

Les ailes, les jambes, les ongles et les becs de tous les oiseaux varient selon leurs différentes manières de vivre. Les oiseaux de proie, qui sont obligés de voler à une distance considérable pour chercher leur nourriture , ont les ailes fortes et très-étendues, tandis que celles des oiseaux domestiques sont ordinairement faibles et courtes. La généralité des petits oiseaux , particulièrement des moineaux , qui fréquentent nos demeures et se nourrissent de grains et des miettes qui tombent de la table, ont un petit bec, les jambes courtes ainsi que le cou ; mais il n'en est pas de même des bécasses, des bécassines, et d'une quantité d'antres oiseaux qui cherchent leur nourriture trèsavant dans la terre ou dans la fange et le limon.

Le bec du pic est d'une longueur considérable, et très-fort; la langue, qui est aussi extrêmement longue, affilée et armée de petites pointes , donne à l'oiseau la facilité de se saisir de sa proie , laquelle consiste principalement dans les petits vers et les insectes qui vivent dans le cœur de quelques branches ou sous l'écorce de vieux arbres. Le héron, qui se nourrit au contraire de grenouilles , et de tous les petits poissons qu'il peut attraper dans les marais , ou sur le bord des rivières et de la mer, est élevé sur des cuisses et des jambes très-longues et presque dénuées de plumes; son long cou, et son énorme bec dentelé à l'extrémité, le rendent capable de saisir et de retenir sa proie humide et gluante. La famille entière des volatiles peut donner lieu à une infinité d'observations de ce genre.

L'organe de l'odorat est grand, et fourni de nerfs qui rendent ce sens extrêmement fin. On en a une preuve suffisante dans le corbeau, qui distingue sa proie, quoiqu'elle soit à une distance considérable de sa vue.

Les oiseaux n'ont point d'oreilles extérieures, mais seulement une touffe de plumes fines qui couvrent le passage auriculaire, et le préservent de la poussière et des insectes.

Comme ces animaux traversent souvent les haies et les buissons, leurs yeux sont à l'abri des injures extérieures, ainsi que de la trop grande clarté, par une membrane transparente, qu'ils peuvent baisser et lever à volonté. C'est à travers cette espèce de voile que l'aigle peut fixer le soleil. La vue des oiseaux est évidemment plus parfaite et plus étendue que celle de toutes les autres espèces d'animaux. Les yeux sont aussi proportionnellement beaucoup plus grands dans les oiseaux que dans l'homme et dans les quadrupèdes. Cette perfection leur était non-seulement nécessaire, mais indispensable pour leur sûreté et leur conservation. Si la nature, en leur donnant la rapidité du vol, les eût rendus myopes, ces deux qualités eussent été contraires : l'oiseau n'aurait jamais osé se servir de sa légèreté, ni prendre un essor rapide ; il n'aurait fait que voltiger lentement, dans la crainte des chocs et des résistances imprévues.

La respiration a lieu dans les volatiles par le moyen de vaisseaux aériens, qui traversent leur corps et qui adhèrent à la surface interne des os. Ces vaisseaux, par leur mouvement, conduisent l'air à travers les poumons, qui sont très-petits, et fixés au dos et aux côtes. M. John Hunter, qui a fait beaucoup d'expériences pour découvrir l'usage de cette grande diffusion d'air dans le corps des oiseaux, a trouvé qu'elle servait à empêcher la suspension de la respiration pendant la rapidité du vol.

Le séjour des volatiles est très-varié : on en trouve dans toutes les parties du monde connu, depuis les régions les plus chaudes jusqu'aux plus froides. Il y a plusieurs espèces particulières à certains pays ; d'autres sont errantes ; quelques-unes, à une certaine époque de l'année, émigrent dans un climat plus convenable à leur tempérament et à leur genre de nourriture. Une grande partie des oiseaux des îles britanniques, dirigés par un instinct particulier et infaillible, se retirent au commencement de l'hiver dans les parties méridionales de l'Afrique , et en reviennent au printemps. Les motifs que l'on donne en général à cette migration , sont le défaut de nourriture , et d'un asile convenable pour couver et élever leurs petits. Ils se réunissent ordinairement dans leurs voyages sous la direction d'un chef qui les conduit.

Plusieurs auteurs ont écrit sur les migrations de l'hirondelle et du coucou , et on a formé des opinions différentes , tant sur leur disparition que sur la manière dont ils vivent pendant ce temps. Quelques naturalistes ont imaginé que ces oiseaux ne changeaient point de climat à la fin de l'automne , mais qu'ils tombaient dans un état d'engourdissement , et se tenaient cachés dans des creux d'arbres , parmi les ruines de vieux bâtimens , et dans quelques autres endroits retirés , jusqu'au retour de l'été. D'autres ont même assuré que ces oiseaux se liaient tous ensemble par les pieds , et qu'après avoir formé une masse assez considérable , ils se laissaient tomber au fond d'une rivière ou d'un étang , où ils demeuraient cachés sous l'eau. Il n'est pourtant pas nécessaire de faire un raisonnement bien profond pour prouver l'impossibilité physique de cette supposition. D'un autre côté, il est certain qu'on a trouvé en

hiver des hirondelles dans un état d'engourdissement, mais les exemples en sont rares; et quand
il serait constant que quelques individus passent
l'hiver de cette manière, on n'en devrait pas conclure qu'il en est de même pour toute l'espèce. On
a aussi trouvé plusieurs fois des coucous dans un
état semblable; on en a vu voler long-temps après
le départ général. Toutes ces circonstances donnent lieu de croire que plusieurs des petits nouvellement nés, ne se trouvant pas assez forts pour
entreprendre un long voyage, restent en arrière,
se cachent jusqu'au retour du printemps, et que
le froid les engourdit. D'ailleurs, la migration annuelle de l'espèce des hirondelles a été démontrée
par un nombre de faits authentiques, attestés par
des navigateurs qui ont été témoins oculaires de
leurs passages et de leurs repos sur les cordages
de leurs vaisseaux. Cependant, malgré toutes les
recherches des naturalistes dans cette partie mystérieuse de la conduite de ces animaux, le sujet
n'en reste pas moins encore dans l'obscurité, et il
nous est impossible d'affirmer dans quelles régions
du globe se rendent ces petites colonies.

D'après des observations fondées sur de nombreuses expériences, il paraît que le chant particulier de différentes espèces d'oiseaux est entièrement acquis et n'est pas plus inné que le langage

de l'homme. L'effort d'un jeune oiseau pour chanter peut se comparer exactement à celui que fait un enfant pour parler. Au premier essai, on croirait qu'il ne possède pas la moindre disposition ; mais à mesure qu'il croît et se fortifie, on entrevoit ce qu'il sera capable de faire un jour. Un moineau ayant été retiré de son nid très-jeune et élevé avec une linotte et un chardonneret, quoique dans l'état sauvage il n'eût eu qu'un cri insignifiant, adopta bientôt un chant qui réunissait celui de ses deux maîtres. Trois jeunes linottes ayant été élevées, l'une avec une alouette, l'autre avec un cujelier, et la troisième avec une farlouze, au lieu du chant particulier à leur espèce, prirent chacune celui de leurs instituteurs respectifs. Une linotte qu'on avait prise dans le nid trois ou quatre jours après sa naissance, ayant été apportée dans la maison d'un apothicaire à Kensington, et n'entendant point d'autres sons qu'elle pût imiter, articula parfaitement ces mots : *pretty boy* (1), ainsi que plusieurs autres courtes phrases. On assure qu'elle n'avait le chant ni même le cri d'aucun oiseau.

Ce fait, ainsi que beaucoup d'autres, semble prouver que les oiseaux n'ont point de chant inné,

---

(1) *Joli garçon.*

mais que, comme l'espèce humaine, ils adoptent le langage de ceux à qui ils sont confiés dès leur naissance. Cela peut cependaut paraître bizarre à ceux qui observent que dans l'état sauvage chaque oiseau imite invariablement le chant de sa propre espèce, quoiqu'il en entende d'autres autour de lui; mais c'est l'effet de l'attention que les petits donnent aux instructions de leurs pères et mères, et de l'indifférence qu'ils ont pour le ramage des autres. Les personnes qui ont une oreille délicate et qui ont étudié le chant des oiseaux, savent bien distinguer ceux qui l'ont pur de ceux qui l'ont mêlé du chant d'une autre espèce.

Dans son voyage au Cap Nord, Skjoldebrand raconte qu'il se plaisait, dans les déserts de la Laponie, à entendre et qu'il a retenu le chant de l'oiseau nommé *motacillia luscina*, dont l'expression funèbre et mélodieuse porte dans l'âme une mélancolie dont on ne peut se défendre, surtout quand on écoute ces sons plaintifs pendant le silence de la nature et à la lueur solennelle de l'astre de la nuit.

La nourriture des oiseaux varie selon les espéces. Il y en a de carnivores, d'autres qui se nourrissent de poissons, quelques-uns d'insectes et de vers, et beaucoup de fruits et de grains.

Les nids des oiseaux sont en général construits

avec un art surprenant. Ils y déploient un degré de connaissance en architecture qui a de quoi confondre toute la science dont l'homme s'enorgueillit.

Le mâle et la femelle s'occupent ensemble de cet intéressant ouvrage; ils vont l'un après l'autre chercher les matériaux qui leur sont nécessaires : de petits bâtons, de la mousse ou de la paille, servent ordinairement pour la fondation et l'extérieur : ils emploient ensuite du poil, de la laine ou du duvet d'animaux et de certaines plantes, à la construction d'un lit commode et doux pour leurs œufs, et pour le corps délicat des petits qui doivent éclore. Il est aussi digne de remarque, que l'extérieur du nid est presque toujours à peu près semblable, pour la couleur, au feuillage des arbres sur lesquels il est posé, afin qu'il soit moins facilement découvert.

Le moment de la production des petits, peut être véritablement regardé comme celui du bonheur pour les oiseaux. Rien à cette époque n'égale leur industrie et leur intelligence; tout entiers aux soins qu'exige une famille, ils ne songent qu'aux moyens de pourvoir à la subsistance commune. Les chanteurs deviennent silencieux, ou du moins ils font entendre leur voix plus rarement; l'attachement qu'ils portent à leurs petits change jusqu'à leurs dispositions naturelles ; de nouveaux devoirs leur inspirent de nouvelles inclinations. Le plus timide devient courageux quand il s'agit de défendre sa famille ; les oiseaux de proie redoublent à cette époque de hardiesse et d'activité ; ils apportent dans leur nid leurs victimes encore palpitantes, et accoutument de bonne heure leurs petits à la rapine et à la cruauté. La poule même, devenue mère de famille, n'est plus la même créature ; naturellement craintive, et jusque-là ayant toujours eu recours à la fuite, elle est héroïque à la tête d'une troupe de poulets ; elle méprise le danger, attaque courageusement le chien le plus fort pour défendre sa couvée, et combattrait de même jusqu'au lion.

Mais, quoique les animaux, à l'époque de leur production, paraissent quelquefois plus sages que les hommes, cependant leur sagesse est resserrée dans des bornes étroites ; la conduite et la volonté ne doivent point être attribuées à l'animal, mais à cet Être bienfaisant et adorable qui dirige toutes ses actions par ce qu'on peut appeler une influence mystérieuse.

« Avec quel soin, dit un élégant écrivain , la femelle ne cherche-t-elle pas un lieu solitaire pour y placer son nid loin du trouble et du tumulte ! lorsqu'elle a posé ses œufs de manière à pouvoir les couvrir tous, quelle attention ne met-elle pas à les retourner souvent pour qu'ils soient pénétrés de tous côtés de la chaleur vitale ! quand elle les quitte pour pourvoir à sa propre subsistance , comme elle revient exactement avant qu'ils n'aient le temps de se refroidir ! lorsque le moment d'éclore approche, avec quelle délicatesse et quel soin n'aide-t-elle pas au poulet à rompre sa coquille ! sans parler de son assiduité à le préserver des injures du temps, à le nourrir et à l'aider, une opération chimique ne pourrait pas être suivie avec plus d'art et de précaution que la poule n'en met avant et après la naissance de ses poulets.

« Mais en même temps , la poule qui montre toute cette industrie, nécessaire en effet à la propagation de l'espèce , ne prouve pas, à certains autres égards, qu'elle ait la moindre lueur de bon sens ni de réflexion : elle prend un morceau de craie pour un œuf, et le couve de même ; elle ne s'aperçoit pas de l'accroissement ou de la diminution du nombre de ses œufs, et ne sait pas distinguer s'il y en a d'une autre espèce que les siens ; et lorsqu'il lui naît des oiseaux très-différens de ses petits, elle les soigne avec la même tendresse ; dans ces circonstances et dans celles qui n'ont pas un rapport immédiat à sa subsistance ou à celle de sa progéniture , elle n'est qu'une véritable idiote. »

Le professeur Reimar raconte un exemple singulier (dont il a été témoin) de l'instinct et du courage des oiseaux.

« Deux rouges-gorges, dit-il, avaient leur nid dans le creux d'un rocher qui était ombragé par un chêne grand et touffu ; la femelle avait cinq œufs qu'elle couvait avec tant d'assiduité, que souvent je l'approchai de très-près et la touchai même, sans qu'elle fit le moindre mouvement pour éviter ce danger apparent.

« Un jour, la femelle n'étant pas dans son nid, je craignis qu'elle ne l'eût abandonné ; mais j'eus bientôt d'autres soupçons, lorsque je vis un coucou qui sautait le long du rocher, et qui vint à la fin se poser sur un arbre voisin de l'endroit où j'étais ; j'aperçus en même temps mes deux rouges-gorges qui examinaient attentivement les mouvemens du coucou : je me ressouvins de l'usage de cet oiseau de pondre son œuf dans le nid d'un autre, et je crois que c'était l'intention de celui-ci. La raison eût enseigné aux rouges-gorges à se tenir dans leur nid, comme le moyen le plus sûr de le défendre ; mais l'instinct les détermina à demeurer à une certaine distance, afin de mettre l'ennemi dans un tort évident. Ils ne le voyaient pas plutôt s'approcher du nid, que courant à lui avec impétuosité, et jetant des cris d'angoisse et de détresse, ils s'efforçaient de l'en éloigner. Enfin, après une longue poursuite , le coucou retourna à une branche extrêmement voisine du nid ; alors , en moins d'un instant , un des rouges-gorges se précipita sous lui , en lui béquetant le ventre de toute sa force , tandis que l'autre l'attaquait en face ; le malheureux coucou parut saisi d'un vertige , et tomba enfin sur la terre , où ses ennemis, ne lui donnant pas de relâche , auraient sans doute profité de sa situation pour terminer sa vie , si une forte pluie d'orage ne fût venue mettre fin au combat.

On a remarqué, que les oiseaux qui naissent au commencement du printemps , sont plus forts et plus vigoureux que ceux qui viennent à la fin de l'été ou dans l'automne. Mais cette ponte tardive n'a lieu que lorsque la première a été détruite.

CHAPITRE II.

L'AIGLE DORÉ.

L'AIGLE est cité comme le roi des oiseaux, de même que le lion est considéré comme le roi des quadrupèdes ; on assure qu'il vit plus d'un siècle. C'est, de tous les oiseaux, celui qui s'élève le plus haut, et c'est par cette raison que les anciens l'ont appelé *l'Oiseau céleste*, et qu'ils le regardaient dans les augures comme le messager de Jupiter.

Buffon est de l'opinion que l'aigle a plusieurs conformités physiques et morales avec le lion ; la force, et par conséquent l'empire sur les autres oiseaux, comme le lion sur les quadrupèdes : la magnanimité ; il dédaigne également les petits animaux et méprise leurs insultes ; ce n'est qu'après avoir été long-temps provoqué par les cris importuns de la corneille ou de la pie, que l'aigle se détermine à leur donner la mort : d'ailleurs il ne veut d'autre bien que celui qu'il conquiert, d'autre proie que celle qu'il prend lui-même : la tempérance ; il ne mange presque jamais son gibier en entier , et il laisse, comme le lion , les débris et les restes aux autres animaux. Quelque affamé qu'il soit, il ne se jette jamais sur les cadavres. Il est encore solitaire comme le lion , habitant d'un désert dont il défend l'entrée et l'usage de la chasse à tous les autres oiseaux ; même il est plus rare de voir deux paires d'aigles dans la même portion de montagne, que deux familles de lion dans la même partie de forêt : ils se tiennent assez loin les uns des autres, pour que l'espace qu'ils se sont départi leur fournisse une ample subsistance où ils ne comptent la valeur et l'étendue de leur royaume que par le produit de leur chasse. L'aigle a de plus les yeux étincelans et à-peu-près de la même couleur que ceux du lion , l'haleine tout aussi forte , le cri également effrayant : nés tous deux pour le combat, ils sont également ennemis de toute société , également féroces , également fiers et difficiles à réduire ; on ne peut les apprivoiser qu'en les prenant tout petit ; et, de même que le lion , l'aigle n'est jamais assez privé , assez doux, assez sûr , pour ne pas faire craindre à son maître ses caprices ou ses momens de colère. Il a le bec et les ongles crochus et formidables ; sa figure répond à son naturel : indépendamment de ses armes , il a le corps robuste et compacte, les jambes et les ailes très-fortes, les os fermes, la chair dure, les plumes rudes, l'attitude fière et droite, les mouvemens brusques et le vol très-rapide; il enlève les agneaux, les chevreaux et les emporte dans son *aire*, c'est ainsi qu'on appelle son nid.

Il est arrivé plusieurs fois que des enfans ont été enlevés par ces animaux voraces. Pontoppidan raconte qu'en 1737, dans la paroisse de Norderhougs en Norwège, un enfant d'environ deux ans sortait en courant de la maison de ses parens qui travaillaient près de-là dans les champs, lorsqu'un aigle fondit sur lui, et l'enleva à leurs yeux. Anderson dit aussi qu'en Irlande on a vu souvent des enfans de quatre ou cinq ans, enlevés par des aigles. Ray raconte que, dans l'une des Orkneys, un enfant de douze mois fut saisi par un aigle, et porté dans son nid à quatre milles de distance; mais la mère, connaissant le lieu, poursuivit l'oiseau, trouva l'enfant dans le nid, sans aucune blessure, et l'emporta.

Formés par la nature pour une vie de guerre et de rapine, ces oiseaux sont difficiles à apprivoiser; ils peuvent acquérir une certaine docilité, et dans quelques cas donner des preuves d'attachement à ceux qui les traitent avec douceur : ceci pourtant n'arrive que rarement, car le gardien, trop souvent dur et inflexible, attire sur

lui la vengeance de l'oiseau. Un gentilhomme,
qui faisait sa résidence dans le sud de l'Écosse,
avait, il y a quelques années, un aigle apprivoisé, que le gardien frappa un jour injustement
avec un fouet; environ une semaine après cet
événement, le gardien, en se baissant pour chercher sa chaîne, tomba: alors l'animal vindicatif,
se rappelant le dernier outrage qu'il en avait reçu, se jeta sur son visage avec une telle violence
qu'il lui fit une blessure considérable: heureusement que la force du coup jeta l'homme assez loin
pour être hors de son atteinte. Les cris de l'aigle
alarmèrent, et firent accourir tous les gens de la
maison: on trouva le pauvre gardien étendu par
terre à quelque distance, aussi étourdi par la
frayeur que par le mal; l'oiseau, dans une rage
affreuse, frappait des pieds et continuait à crier;
enfin quand tout le monde fut parti, il rompit sa
chaîne par la violence de ses efforts, et s'échappa
pour toujours.

L'aigle doré est la plus grande espèce d'aigle;
il a quelques fois trois pieds de long, depuis le
bout du bec jusqu'à l'extrémité de la queue,
les ailes ont sept pieds d'envergure; le bec est
très-fort, recourbé, et d'un bleu foncé; la tête
et le cou sont bruns, bordés d'une couleur ba-
sanée; le derrière de la tête est d'une couleur

de fer brillante, le reste du corps brun : la queue a des raies de couleur cendrée ; les jambes sont jaunes et couvertes de plumes jusqu'aux pieds, qui sont écaillés, et les ongles très-grands, surtout celui du milieu, qui a près de deux pouces de long.

« L'aigle doré bâtit son nid sur des rochers élevés, dans des ruines de bâtimens, et assez ordinairement dans un lieu sec et inaccessible ; ce nid est construit à peu près comme un plancher avec de petites perches ou bâtons de cinq ou six pieds de longueur, appuyés par les deux bouts, et traversés par des branches souples, recouvertes de plusieurs lits de joncs et de bruyère. On assure que le même nid sert à l'aigle toute sa vie.

On découvrit, dans le Derbyshire, un nid d'aigle dont voici la description : il était formé de grands bâtons appuyés d'un côté sur un rocher, et de l'autre sur un bouleau ; ces bâtons étaient recouverts de couches alternatives de jonc et de bruyère, sur lesquelles ou trouva un petit et un œuf gâté, et à quelque distance, un agneau, un lièvre, et trois coqs de bruyère. Le nid était d'environ six pieds carrés et d'une forme plate.

La femelle pond ordinairement deux ou trois œufs, qu'elle couve pendant trente jours ; elle nourrit ses petits avec les cadavres de tous les

petits animaux qui se trouvent sur son chemin ,
et qu'elle tue. Ces oiseaux ne sont jamais plus re-
doutables et plus féroces que lorsqu'ils nourrissent leur progéniture.

On dit qu'un paysan irlandais , du comté de
Kerri , pendant un été de grande disette, trouva
le moyen de faire vivre toute sa famille , en dé-
robant aux aiglons la nourriture abondante que leur
fournissaient le père et la mère : il prolongea leurs
soins au-delà du temps ordinaire en rognant les ailes
des petits pour les empêcher de voler , et en les
attachant pour les faire crier , ce qui excitait le
père et la mère à retourner de nouveau pour four-
nir à leurs besoins. Si les aigles avaient découvert
leur voleur , leur ressentiment lui aurait été probablement aussi fatal qu'il le fut , il y a quelques
années , à un homme qui résolut d'enlever un nid
d'aigle qu'il savait exister dans une petite île sur le
beau lac Killarney : dans ce dessein il se dépouilla
de ses habits , et gagna l'île à la nage quand le père
et la mère furent partis ; mais , à leur retour , ceux-
ci s'étant aperçus de la perte de leurs petits , décou-
vrirent le voleur qui était encore dans l'eau jusqu'au
menton ; ils se précipitèrent sur lui , et en dépit de
sa résistance , le tuèrent avec leur bec et leurs serres
formidables.

Un gentilhomme , dont la véracité est au-dessus

du soupçon, raconte l'histoire suivante. Dans son voyage en France, il fut invité par un officier de distinction à passer quelques jours dans sa maison de campagne à Mende. La table était abondamment servie en gibier; mais il remarqua avec surprise que les pièces n'étaient jamais entières : à l'une, il manquait les ailes, à une autre, les pieds ou la tête. Il en demanda la raison à son hôte, qui le satisfit pleinement par cette explication : « Les montagnes de ces parties du royaume sont très-fréquentées par les aigles, qui bâtissent leurs nids dans le creux des rochers voisins. Les bergers cherchent à les découvrir; et lorsqu'ils en ont trouvé un, ils élèvent une petite hutte au pied du rocher, pour se garantir de ces dangereux oiseaux, qui ne sont jamais plus furieux que lorsqu'ils nourrissent leurs petits. Le mâle remplit cet emploi pendant l'espace de trois mois avec la plus grande assiduité, et la femelle reste dans le nid jusqu'à ce que les petits soient capables de le quitter. Lorsque ce temps arrive, les parens les forcent à s'élever dans l'air, où ils les soutiennent de leurs ailes et de leurs pieds, de peur qu'ils ne tombent. Tant que les aiglons restent dans le nid, les parens ravagent les environs, s'emparent des volailles, des faisans, perdreaux, lièvres et chevreaux, qu'ils trouvent sur leur chemin, et les portent à leurs petits.

» Les bergers étant placés de manière à pouvoir observer le moment où les aigles apportent de la nourriture à leurs petits, saisissent celui où ils ont quitté le nid, montent sur le rocher et s'emparent de tout ce que les oiseaux y ont porté, en ayant soin de laisser les entrailles de chaque animal à la place où il était ; mais, comme ils ne peuvent pas arriver assez à temps pour éviter que les aiglons n'entament les animaux destinés pour leur pâture, ils sont forcés de nous les apporter dans l'état où ils les ont trouvés. »

L'aigle doré est remarquable par sa longévité et par l'abstinence qu'il est capable de supporter pendant très-long-temps. Il en mourut un à Vienne qui avait été plus d'un siècle en captivité. Un gentilhomme de Conway, en Caernarvonshire, en possédait un qui, par la négligence des domestiques, demeura trois semaines sans prendre de nourriture. Une personne digne de foi assura M. de Buffon, qu'un aigle ayant été pris dans une trappe à renard, exista pendant cinq semaines sans manger : il ne montra de langueur que dans la dernière semaine ; à la fin, on le tua pour terminer ses souffrances.

L'AIGLE BARBU.

L'AIGLE barbu, sur lequel on a tant fait de contes merveilleux, habite les montagnes les plus hautes de celles qui séparent la Suisse de l'Italie; on en trouve souvent là d'une grandeur énorme. On en prit un dans le canton de Glaris qui avait près de sept pieds depuis le bec jusqu'à l'extrémité de la queue, et huit pieds et demi d'envergure, mais il en a été tué quelques-uns de beaucoup plus grands. Le bec est d'un rouge foncé, crochu par le bout; la tête et le cou sont couverts de plumes. Dessous la gorge tombe une espèce de barbe formée par de très-petites plumes assez semblables à des poils. Le dessus du corps est d'un brun tirant sur le noir, le dessous blanc mêlé de brun; les jambes sont couvertes de plumes jusqu'aux pieds, les ongles forts et noirs.

Ces oiseaux font leur nid dans des fentes de rochers inaccessibles à l'homme, et produisent ordinairement trois ou quatre petits par an. Leur nourriture principale se compose d'animaux des Alpes, tels que chamois, lièvres blancs, chevreaux, marmottes; mais ils aiment, par-dessus tout, les agneaux; c'est pourquoi les paysans suisses leur ont donné le nom de *Lammer-gayer*, ou de vautours d'agneaux. Ils ne paraissent que rarement et par petites bandes formées du père, de la mère et des enfans.

Ces aigles, aussi voraces que ceux de la première espèce, ne se contentent pas de dévorer les animaux ; quelquefois encore ils attaquent et enlèvent de jeunes enfans. Gessner rapporte, d'après un auteur digne de foi, le fait suivant. « Des paysans d'entre Miesen et Brisa, villes d'Allemagne, perdant tous les jours quelques pièces de bétail qu'ils cherchaient vainement dans les forêts, aperçurent un très-grand nid posé sur trois chênes, construit de perches et de branches d'arbres, de la largeur d'une charette. Ils trouvèrent dans ce nid trois jeunes oiseaux déjà si grands, que leurs ailes étendues avaient sept pieds d'envergure ; leurs jambes étaient plus grosses que celles d'un lion, leurs ongles aussi grands et aussi gros que les doigts d'un homme. Il y avait dans ce nid plusieurs peaux de veaux et de brebis. »

L'une des deux variétés de cet oiseau ayant paru en Perse et dans d'autres provinces orientales, il est présumable que c'est ce qui aura donné lieu aux récits fabuleux qu'on fait d'un oiseau nommé Roc, dans les Contes arabes. Il a été supposé aussi que le condor pouvait bien être mêlé dans ces fictions ; mais cela n'est pas vraisemblable, puisque cet oiseau est propre à l'Amérique méridionale, et qu'il n'a jamais été prouvé qu'il ait visité l'ancien continent. M. Bruce dit qu'il a vu une variété de l'aigle barbu sur la partie la plus haute de la montagne du Lamalmon, près de Gondar, capitale de l'Abyssinie ; les habitans l'appellent Abou-Duch'n, ou Père à la longue barbe, à cause de la touffe de plumes qui lui pend sous le bec. On croit que c'est le plus grand de tous les oiseaux. On mesura huit pieds quatre pouces d'envergure, et quatre pieds sept pouces depuis le bout de son bec jusqu'à l'extrémité de sa queue. Il pesait vingt-deux livres et était très-gras. Les jambes étaient courtes, mais les cuisses extrêmement musculeuses ; ses yeux, remarquablement petits, avaient à peine un demi-pouce d'ouverture ; le dessus de la tête était chauve, ainsi que le front, où venaient se joindre le bec et le crâne.

« Ce noble oiseau, dit M. Bruce, n'était pas l'objet de notre chasse, et nous n'eûmes besoin d'aucun stratagème pour le faire tomber en notre pouvoir. Arrivés sur le sommet de la montagne de Lamalmon, mes domestiques se reposaient de la fatigue d'une route pénible et escarpée, et, jouissant du plaisir de se trouver dans un climat délicieux, prenaient leur repas en plein air, ayant devant eux plusieurs grands plats remplis de viande de chèvre bouillie, lorsque cet ennemi parut tout-à-coup : il n'abaissa point son vol rapidement, mais descendit petit à petit jusqu'à terre, et s'alla placer près des plats, dans le cercle que formaient les hommes assis en rond. Un cri général de détresse me fit accourir. Je vis l'aigle s'arrêter un moment comme pour se recueillir, tandis que les domestiques couraient à leurs lances et à leurs boucliers. Je m'approchai de lui autant qu'il me fut possible. Son attention était entièrement absorbée par la viande. Je le vis mettre son pied dans une poêle où il y avait un morceau dans de l'eau prête à bouillir ; mais, surpris par la chaleur, il le retira promptement, et abandonna le morceau qu'il tenait.

« Il y avait dans un plat de bois deux gros morceaux de viande, sur lesquels il se jeta et qu'il emporta ; mais il semblait encore regarder attentivement celui qui restait dans l'eau bouillante. Il s'éloigna lentement en rasant la terre, comme il était venu.

« Comme j'avais grande envie de le connaître, je chargeai un fusil à balles, et me plaçai près du plat de bois. Il revint au bout de quelques minutes ; mes domestiques jetèrent un cri qui aurait effrayé un animal moins courageux. Soit qu'il ne fût pas aussi affamé qu'à sa première visite, ou qu'il redoutât quelque chose de ma présence, il fit un demi tour, et se tint à trente pas de moi, la poêle remplie de viande entre nous deux. Comme le terrain était libre, que je craignais qu'il ne devînt dangereux pour mes gens, et que d'ailleurs il pouvait maintenant s'emparer du reste de la viande, je le perçai d'une balle qui lui traversa le milieu du corps, à deux pouces au-dessus de l'aile ; il tomba sur l'herbe, privé de la vie.

« En soulevant ce monstrueux animal, je ne fus pas peu surpris de voir mes mains couvertes d'une poussière jaune ; je le tournai sur le ventre pour examiner les plumes du dos, et je vis qu'elles en produisaient aussi une de la même couleur ; il y en avait une telle quantité, qu'en lui frappant la poitrine, il en sortit davantage que si l'on eût secoué une houppe à poudre. Les plumes du ventre et de la poitrine, d'une couleur d'or, n'avaient rien d'extraordinaire dans leur forme ; mais les grandes plumes des épaules et des ailes paraissaient de jolis tubes, qui, en les pressant sous les doigts, répandaient une poussière brune, de la couleur des plumes du dos. Sur le côté de l'aile les tiges des plumes étaient dépouillées comme si elles eussent été usées ; je crois plutôt néanmoins qu'étant tombées elles se renouvelaient.

« Il n'est pas en mon pouvoir de décider pour quelle raison la nature les a si abondamment pourvus de cette poussière ; mais comme cela ne se voit pas communément , il est probable qu'elle a voulu défendre de l'humidité du climat, des oiseaux qui vivent dans les montagnes inaccessibles d'un pays condamné pendant plusieurs mois à des pluies excessives. »

Notre auteur tua le même jour un héron, qui ne différait guère des nôtres, que parce qu'il était plus petit , et qu'il avait une poudre bleue sur le dos et sur la poitrine.

LE FAUCON SECRÉTAIRE.

Cet oiseau a , dans son extérieur, quelque ressemblance avec l'aigle et la grue ; il a la tête du premier et quelquefois la forme du corps de la dernière. Lorsqu'il se tient debout, il a trois pieds de haut , depuis le sommet de la tête jusqu'à terre. Le bec est noir, aiguisé et crochu comme celui de l'aigle ; le tour des yeux est nu et d'une couleur orange ; les paupières supérieures sont fournies de longues soies ; le plumage est, pour la plupart, d'une couleur cendrée et bleuâtre ; les ailes et les cuisses sont noires ; la queue est souvent de couleur cendrée, hors l'extrémité, sur laquelle il y a un pouce de noir, et qui se termine par une pointe blanche ; les deux plumes du milieu sont deux fois aussi grandes que les autres, les jambes sont longues et plus fortes que celles du héron , les ongles sont noirs et crochus. Sur le derrière de la tête tombent plusieurs grandes plumes brunes , formant une espèce de crête pendante, que l'oiseau baisse et relève à volonté. Le Vaillant remarque que les Hollandais lui ont donné le nom de *secrétaire*, à cause de ce paquet de plumes qui pend derrière sa tête; car , en Hollande, lorsque les clercs interrompent leurs écritures , ils placent leurs plumes dans leurs cheveux derrière leur oreille droite , ce qui paraît avoir quelque ressemblance avec la huppe de cet oiseau. Les Hottentots , au cap de Bonne-Espérance , le distinguent par un nom qui signifie *mangeur de serpens ;* et il paraîtrait que la nature l'a principalement destiné à diminuer la race des serpens qui sont en très-grand nombre dans tous les pays qu'habite cet oiseau.

La manière dont le faucon secrétaire combat ces reptiles est très-singulière ; lorsqu'il en approche , il a toujours le soin de tenir la pointe d'une de ses ailes en avant, afin d'éviter leurs morsures venimeuses. Quelquefois il trouve le moyen de terrasser son antagoniste d'un coup de pied , ou bien il l'enlève en l'air à une grande hauteur , et le laisse retomber ; enfin , lorsqu'il a tellement fatigué son adversaire , qui est presque privé de tout sentiment , il le tue et le dévore à son aise.

Le Vaillant raconte qu'il fut une fois témoin d'un engagement entre un oiseau de cette espèce et un serpent. Le combat fut opiniâtre , et conduit , de part et d'autre , avec une égale adresse. Le serpent , reconnaissant enfin l'infériorité de ses forces , employa pour regagner son trou , toute l'astuce qui lui est attribuée ; mais l'oiseau , devinant apparemment son dessein , lui ôta tout moyen de fuir , en se plaçant devant lui d'un seul saut. De quelque côté que le reptile entreprît de s'échapper , toujours son ennemi se trouvait devant lui et l'en empêchait. Alors , joignant le courage à la ruse , le serpent se dressa hardiment devant l'oiseau pour l'intimider , et , sifflant d'une manière terrible , lui montra une gorge menaçante , des yeux enflammés , et une tête gonflée par la rage et le venin. « Quelquefois , dit notre auteur , cet aspect effrayant suspendait pour un moment les hostilités ; mais bientôt l'oiseau retournait à la charge , et se couvrant le corps d'une de ses ailes , comme d'un bouclier , il frappait fortement son ennemi avec les protubérances osseuses de l'autre. Enfin , je vis le serpent chanceler et tomber : le vainqueur se jeta sur lui , et d'un coup de bec lui fendit le crâne. »

Dans ce moment, Le Vaillant tua l'oiseau ; en le disséquant, il trouva dans son jabot, onze lézards assez gros, trois serpens aussi longs que le bras ; onze petites tortues, dont plusieurs avaient deux pouces de diamètre; un nombre infini de sauterelles, et beaucoup d'autres insectes, parmi lesquels il y en avait d'assez entiers pour pouvoir être conservés. Il remarqua aussi, outre cette quantité énorme de nourriture, une espèce de boule de la grosseur d'un œuf d'oie, composée de vertèbres de serpens et de lézards, d'écailles de tortues, d'ailes, d'ongles et coquilles de différentes sortes d'escarbots. Il est probable que lorsque cette masse serait devenue suffisamment grosse, le faucon secrétaire l'aurait rejetée ainsi que font les autres oiseaux de proie.

Le docteur Solander assure avoir vu un de ces oiseaux prendre dans sa serre une petite tortue, un serpent ou un autre reptile, et le jeter contre terre avec tant de violence, que l'animal était tué du coup. Si cette seule fois ne réussissait pas, il recommençait la même opération jusqu'à ce que sa victime fût morte; après quoi, il la mangeait.

La femelle fait un nid plat, de trois pieds de diamètre, composé de jeunes branches d'arbres recouvertes de laine et de plumes. Il est ordinairement placé sur une haute touffe d'arbre, et le plus souvent si bien caché, qu'on a beaucoup de peine à le découvrir.

Le faucon secrétaire peut facilement s'apprivoiser; il mange indistinctement toutes sortes de choses cuites ou crues. S'il est bien nourri, non-seulement il vit en bonne intelligence avec la volaille, mais s'il survient quelque querelle, il sépare les combattans et rétablit l'ordre. Quand il est pressé par la faim, il dévore les canards et les poulets : mais ce n'est jamais que par l'effet impérieux du besoin, qui dévoue nécessairement une moitié des animaux à satisfaire l'appétit de l'autre.

M. Le Vaillant dit qu'on garde des faucons secrétaires apprivoisés dans plusieurs des habitations du Cap. Ils pondent communément deux ou trois œufs blancs, à peu près de la grosseur de ceux de l'oie. Les petits sont très-long-temps avant de sortir du nid, parce que leurs jambes étant longues et faibles, ils ont de la peine à se soutenir : même à l'âge de quatre mois, on les voit marcher sur leurs talons, ce qui leur donne un air gauche; mais à sept mois, lorsque leur croissance est achevée, ils déploient dans leurs mouvemens une grâce et une aisance qui s'accordent parfaitement avec leur figure majestueuse. Thumberg observe qu'il est difficile de les élever, à cause de leurs jambes qui se cassent très-facilement.

M. de Buffon, en parlant de la finesse et de la ruse de cet oiseau, semble lui attribuer plus d'intelligence qu'il n'en a réellement. « Quand un peintre, dit-il, s'occupa de dessiner un faucon secrétaire, l'oiseau vint tout près de lui regarder sur le papier, dans l'attitude de l'attention, le cou tendu, et redressant les plumes de sa tête, comme s'il admirait sa figure; il vint souvent les ailes élevées et la tête en avant, pour observer ce qu'il faisait. » Ce mouvement de redresser sa tête et ses plumes, n'était probablement causé que par l'envie que témoignent tous les oiseaux familiers, qu'on leur gratte la tête, surtout ceux-ci, qui, dans l'état de domesticité, s'approchent de chaque personne qui arrive, et redressent leur cou, comme pour demander qu'on veuille bien leur procurer ce plaisir.

LE BUSARD.

Cet oiseau a environ vingt pouces de long, et quatre pieds et demi d'envergure. Sa tête est grosse et aplatie; son bec, d'une couleur plombée, est court et crochu : le dos est d'un brun foncé, quelquefois tacheté de blanc; dans certains individus, les ailes sont blanches, et brunes dans d'autres.

Les plumes sont bordées d'un jaune sale ; le ventre, d'un blanc jaune, a des taches de rouille sur la poitrine ; les cuisses sont fortes, grasses, et couvertes de plumes jusqu'au bas du genou ; les jambes et les pieds sont jaunes et calleux.

Le busard est sédentaire et paresseux ; il reste souvent perché plusieurs heures de suite sur un arbre ou sur une éminence, d'où il cherche à découvrir sa proie. Il se nourrit d'oiseaux, de petits quadrupèdes, de reptiles et d'insectes. Quoique fort agile, et pourvu de tous les moyens de défense, il est si lâche, qu'il fuit à la rencontre d'un épervier, et que, s'il est attaqué, il aime mieux se laisser battre et terrasser que de faire la moindre résistance. La femelle niche dans les bois, et s'empare presque toujours d'un ancien nid de corneille, qu'elle élargit et tapisse à l'intérieur de laine ou d'autres petits matériaux légers et mollets ; elle pond ordinairement deux ou trois œufs, et lorsque ses petits sont éclos, elle les soigne avec la plus grande assiduité.

Le busard s'apprivoise assez facilement, et donne quelquefois des preuves d'attachement et de fidélité, ainsi que le prouverait l'anecdote suivante, racontée par M. Fontaine, et insérée dans l'Histoire naturelle de M. de Buffon. « En 1763, dit M. Fontaine, on m'apporta un busard qui avait été pris dans un piége. Il était extrêmement farouche; j'entrepris de l'apprivoiser, et j'y parvins en le laissant jeûner, et le contraignant de venir manger dans ma main; l'ayant rendu très-familier, au bout de six semaines de captivité, je lui accordai quelque liberté, en prenant cependant la précaution de lui lier les deux fouets de l'aile; de cette manière, il se promenait dans mon jardin, et venait à moi lorsque je l'appelais pour lui donner sa nourriture. Quand je crus pouvoir me fier à sa fidélité, je lui ôtai ses liens, lui attachai une petite cloche au-dessus du pied, et sur la poitrine un morceau de cuivre où mon nom était gravé. Alors je lui donnai une entière liberté; dont il abusa bientôt, car il s'envola jusque dans la forêt de Belesme. Je le crus perdu; mais quatre heures après, je le vis se précipiter dans ma salle à manger qui était ouverte, poursuivi par cinq autres busards qui l'avaient forcé de regagner son asile.

« Depuis cette aventure, il me fut toujours fidèle, passant toutes les nuits sur ma fenêtre. Il devint si familier, qu'il semblait se plaire en ma compagnie. A mon dîner, il se plaçait au coin de la table, me caressait souvent avec sa tête et son bec, en poussant un cri aigu, que j'avais seul le pouvoir de lui faire adoucir. Un jour que je faisais une promenade à cheval, il me suivit plus de deux lieues en volant au-dessus de ma tête.

« Il détestait également les chiens et les chats; il avait souvent de rudes combats à soutenir contre eux, et triomphait presque toujours. J'avais quatre gros chats que je lâchai dans mon jardin avec mon busard. Je leur jetai un morceau de viande crue; le plus leste des chats s'en saisit; les autres le poursuivirent; mais l'oiseau se précipitant sur l'animal, lui mordit les oreilles, et le terrassa si rudement avec ses pieds, qu'il fût obligé d'abandonner sa proie. Un autre chat voulut s'en emparer, et reçut le même traitement, jusqu'à ce que le busard fût l'unique possesseur du butin; il se défendit si adroitement, que se sentant assailli par les quatre chats ensemble, il s'envola avec sa proie dans ses serres, en poussant un cri de triomphe. Enfin les chats, lassés de se voir toujours vaincus, ne voulurent plus lui rien contester. Ce busard avait une singulière antipathie; il ne pouvait pas voir un bonnet rouge sur la tête d'aucun paysan, et le leur enlevait si lestement, qu'ils se sentaient la tête découverte sans pouvoir deviner ce qu'étaient devenus leurs bonnets. Il arrachait de même les perruques sans les endommager, et portait ces bonnets et ces perruques sur l'arbre le plus haut du parc voisin, où il cachait ordinairement son butin.

« Il ne faisait aucun dégât dans ma basse-cour, et la volaille, qu'il avait d'abord effrayée, s'accoutuma insensiblement à lui. Il se baignait avec les poulets et les canards sans leur faire aucun mal. Mais ce qui est singulier, c'est qu'il n'était pas aussi doux pour les volailles de mes voisins ; et je fus souvent obligé de leur promettre de réparer le tort qu'il aurait pu faire. On tira pourtant sur lui plusieurs fois sans jamais le blesser ; mais un jour, de grand matin, à l'entrée d'une forêt, il osa attaquer un renard ; le garde, qui l'aperçut sur le dos de l'animal, lui tira deux coups de fusil ; le renard fut tué, et le busard eut l'aile cassée. Malgré cette blessure, il échappa au garde, et fut perdu sept jours. Cet homme ayant découvert, par le son de la cloche, que c'était mon oiseau, vint, le lendemain matin, m'informer de ce qui lui était arrivé. Je le fis chercher, mais on ne le trouva pas. J'avais coutume de l'appeler tous les soirs par un coup de sifflet ; il fut six jours sans y répondre, mais au septième, j'entendis à quelque distance un faible cri que je jugeai être celui de mon busard ; je sifflai une seconde fois, le même cri me répondit. Je me transportai à l'endroit d'où partait le son ; je trouvai enfin mon pauvre oiseau qui, malgré son aile cassée, s'était traîné plus d'une demi-lieue pour gagner son asile, dont il était éloigné de cent vingt pas. Quoiqu'il fût très-faible, il me fit beaucoup de caresses. Il fut six semaines à se rétablir, au bout desquelles il reprit ses anciennes habitudes. Je le conservai encore un an. Il disparut alors pour toujours. Je suis convaincu qu'il périt par accident, et qu'il ne m'abandonna pas de son plein gré. »

LA SOUBUSE.

La soubuse a près de dix-huit pouces de long et trois pieds d'envergure. Les parties supérieures du corps sont d'un gris-bleu ; la tête, la poitrine, le ventre et les cuisses, d'un blanc tacheté de brun ; le bec est noir, le dessus de la queue gris, le dessous blanc tacheté de jaune ; les jambes sont longues, minces et jaunes, et les ongles noirs.

On voit souvent ces oiseaux dans les forêts, les bruyères, mais plus particulièrement dans le voisinage des terrains marécageux, où ils détruisent un nombre prodigieux de bécassines. Ils volent au-dessus d'un marais jusqu'à ce qu'ils aient découvert ces animaux, puis ils fondent sur eux et les tuent.

M. White dit, dans son Calendrier d'histoire naturelle, qu'un gentilhomme chassant dans le

Hampshire, aperçut par hasard un faisan dans un champ de blé, et tira dessus. Malgré le bruit du fusil, une soubuse poursuivit le faisan, qui se cacha dans le blé. Le chasseur tira dans le même champ, un second et un troisième coup, qui n'eurent aucun effet. Le faucon vola autour de lui tout le temps qu'il tira, ne voulant pas abandonner le gibier qu'il savait être caché en cet endroit ; d'où nous pouvons conclure que la faim avait rendu cette soubuse hardie, et que les faucons ne peuvent pas toujours les atteindre. Nous observerons aussi qu'ils ne fondent pas sur leur proie lorsqu'elle est sur la terre, parce qu'ils éprouveraient trop de résistance ; car ils n'aperçoivent un oiseau de la grosseur d'un faisan que lorsqu'ils sont presque sur lui. De-là vient sans doute cette inclination naturelle au gibier de se courber et se tapir, dans l'intention de se mettre en sûreté. Mais cette précaution ne les met pas à l'abri des filets et des armes à feu.

On tua près de Londres une soubuse qu'on avait observée quelque temps voltigeant autour du pied de vieux arbres, dont elle paraissait quelquefois frapper le tronc avec le bec et les serres, en continuant cependant à voltiger, ce dont on ne put découvrir la raison qu'après l'avoir tuée et ouverte ; car on lui trouva dans l'estomac une vingttaine de petits lézards déchirés ou coupés en deux ou trois morceaux.

Ces oiseaux destructeurs couvent annuellement sur les collines de Cheviot ; ils font leur nid dans la terre, et le nombre ordinaire de leurs petits est de quatre. On en prend souvent dans des trappes garnies en dedans de la peau d'un lapin, et recouvertes de mousse.

Les Égyptiens avaient une vénération particulière pour la soubuse ou l'oiseau Saint-martin femelle ; ils l'embaumaient après sa mort.

L'ÉPERVIER.

Cet oiseau est un peu plus gros qu'un pigeon ordinaire ; le bec est court et crochu, bleu et noir seulement à l'extrémité : le sommet de sa tête est d'un brun sombre ; quelques-uns cependant ont des plumes blanches sur les yeux et sur le derrière de la tête ; les ailes et le dessus du corps sont bruns tachetés de jaune ; le dessous du corps est blanc, et quelquefois brun ; la queue est assez longue, et les ailes, lorsqu'elles sont pliées, n'en atteignent pas le milieu ; les cuisses sont très-fortes, mais les jambes sont minces et d'une couleur rouge.

Pour sa taille, l'épervier est hardi et courageux ; il fait quelquefois de si grands dégâts dans une basse-cour, qu'il s'est rendu redoutable aux fermiers ; son audace est telle, que la présence de l'homme ne l'empêche pas de commettre ses déprédations.

Cependant il est docile et obéissant dans l'état de domesticité, et capable même d'un grand attachement lorsqu'on l'élève avec soin. « Je me souviens, dit le compilateur des Beautés de l'histoire naturelle, d'un épervier que j'avais étant enfant, qui me suivait à travers les champs, faisait sa capture, la dévorait à son aise, et me réjoignait toujours. Un jour, à mon grand déplaisir, un paysan le tua pour avoir causé du trouble dans sa basse-cour. Il était de la grosseur d'un pigeon ramier. Je l'ai vu attaquer un coq d'Inde, et, quoiqu'il fût battu, retourner à la charge avec une étonnante rapidité. Il mit une fois à mort un oiseau six fois gros comme lui. » Il paraît, d'après l'opinion de quelques auteurs dignes de foi, que l'épervier peut être dressé pour la chasse des cailles et des perdrix.

La femelle bâtit ordinairement son nid dans le creux d'un arbre, dans des rochers ou des ruines ; cependant quelquefois elle se contente d'un vieux nid de corneille ; elle pond ordinairement quatre

ou cinq œufs qui sont tachetés d'un jaune rougeâtre vers leurs extrémités.

L'AIGLE VOCIFER. (1)

CETTE espèce, nouvellement découverte en Ca-
frerie et dans quelques contrées voisines, est
environ de la grosseur du faucon commun. Le
plumage est, en général, de la couleur de celui du
pigeon, mais presque brun sur la tête et sur les
épaules; la poitrine est d'un gris perle, rayée de
gris plus foncé; les plumes du milieu de la queue
sont trois fois plus longues que celles des côtés;
la queue est blanche; le bec et les ongles sont
noirs, les jambes d'un jaune orange. Cet oiseau
ne vit que de rapine; il est surtout funeste aux
perdrix, lièvres, cailles, rats, taupes, et à beaucoup d'autres petits animaux.

La femelle place ordinairement son nid dans
des arbres touffus ou des buissons épais ; elle
remplit parfaitement ses devoirs de mère : pendant ce temps le mâle lui donne soir et matin une
sérénade. Cet oiseau chante toute la nuit, ainsi

(1) Cet oiseau n'est point décrit dans Buffon.

que le rossignol; il commence d'une voix forte, s'arrête, puis reprend un moment après. Pendant qu'il chante, il oublie tellement de veiller à sa sûreté, qu'on peut l'approcher de très-près ; mais dans tout autre temps il est aux écoutes, et s'enfuit au moindre bruit. Quand le mâle est tué, la femelle peut l'être facilement ; car son attachement pour lui est si grand, qu'elle parcourt les environs en gémissant, et vient souvent s'offrir, pour ainsi dire, d'elle-même au fusil du chasseur. Si la femelle périt la première, la douleur du mâle n'est pas aussi romanesque; il se retire sur le sommet d'un arbre élevé, et se laisse difficilement approcher : il ne cesse pourtant pas de chanter ; mais il est devenu si prudent, qu'il s'éloigne entièrement du voisinage à la plus légère alarme.

Les historiens de l'antiquité nous disent que le roi Pyrrhus avait élevé un aigle dont l'attachement devint si vif, qu'après la mort de ce prince, il ne voulut prendre aucune nourriture et mourut de chagrin.

L'ÉCORCHEUR.

Cet oiseau, qu'on appelle quelquefois *la grande pie-grièche*, se trouve en Europe et en Amérique. Il est un peu plus gros qu'un étourneau : son bec, d'un pouce de longueur, est noir, fort et crochu; ce qui, joint à son appétit carnassier, le fait mettre au rang des oiseaux carnivores, quoique la faiblesse de ses jambes et la forme de ses pieds semblent le placer parmi les granivores. Le dessus de son corps est d'un rouge cendré, la poitrine blanche, rayée de brun; et il a sur le bec une ligne noire parallèle aux yeux.

La constitution de cet oiseau semble être d'accord avec sa conformation pour le faire participer de deux natures; car il se nourrit également de chair et d'insectes. Cependant son goût pour la viande est dominant, et lorsqu'il n'en mange pas, c'est qu'il ne peut pas en avoir. On peut dire que sa vie se passe en combats perpétuels; sa taille n'effrayant pas les petits oiseaux de la forêt, ceux qui veulent essayer leurs forces, lui proposent un engagement, qu'il ne refuse jamais; fût-ce avec la pie, la corneille et la cresserelle, quoiqu'il soit beaucoup plus petit que ces oiseaux. Souvent il commence l'attaque, et remporte presque toujours la victoire, surtout lorsque le mâle et la femelle s'unissent pour protéger leurs petits contre la rapine des gros oiseaux de proie. Lorsqu'ils en aperçoivent un à quelque distance de leur nid, ils courent à sa rencontre avant qu'il ait eu le tems d'approcher, l'assaillent, l'attaquent et le blessent avec tant de furie, que l'oiseau est trop heureux de fuir. Dans ces disputes, les écorcheurs sont presque toujours victorieux, quoiqu'il arrive quelquefois qu'ils tombent à côté de l'oiseau qu'ils viennent de blesser si grièvement; et le combat se termine par la mort des trois combattans.

La nourriture favorite de l'écorcheur consiste en de petits oiseaux qu'il saisit à la gorge, et qu'il étrangle à l'instant même. Quelques auteurs ont assuré que, lorsqu'il a tué un oiseau ou un insecte, il le fixe par le milieu du corps sur une forte épine, pour le déchirer à son aise avec son bec; ceux même qu'on renferme dans une cage, piquent leur nourriture sur les barreaux avant de la prendre.

M. Bell, qui a voyagé à Moscow, à Pékin et en Sibérie, dit qu'en Russie les oiseleurs prennent souvent de ces oiseaux, et les apprivoisent. M. Bell en a eu un qui était instruit à se tenir perché sur un bâton aigu, fixé dans le mur de l'appartement; quand un petit oiseau entrait dans la chambre, l'écorcheur descendait de sa perche, et le saisissait à la gorge, d'une telle façon, qu'il l'étouffait en moins d'un moment; ensuite avec son bec et ses ongles, il le transportait à sa perche, et l'y fixait : si on lui donnait plusieurs oiseaux à la fois, il les traitait tous de la même manière, les enfilant les uns après les autres, afin de pouvoir les dévorer à son aise. Cette singulière et cruelle méthode lui a fait donner le nom d'écorcheur.

En Amérique, on a remarqué un stratagème curieux que ces oiseaux emploient pour attirer leur proie. Un gentilhomme observa par hasard plusieurs sauterelles fixées sur un buisson d'épines : il en demanda la cause à une personne qui demeurait près de cet endroit, et qui lui répondit que ces insectes étaient posés là par des oiseaux que les Anglo-Américains appellent *nine-killers*. Sans pousser plus loin l'information, le gentilhomme conclut que c'était un artifice pour attirer les petits oiseaux qui se nourrissent d'insectes ; ce qui le ferait présumer, c'est que ces sauterelles demeurent dans le même état pendant assez long-temps. Le nom de *nine-killer* est donné à l'écorcheur, parce qu'on prétend qu'il pique neuf sauterelles de suite sur la même épine.

Pendant l'été, ces oiseaux habitent les montagnes ; mais l'hiver ils descendent dans les plaines, et s'approchent des habitations. Les femelles font leur nid sur les arbres les plus hauts, et pondent cinq ou six œufs blancs, avec un cercle rouge-brun au bout. Le nid est tissu de mousse et d'herbe, tapissé à l'intérieur de laine, de mousse et de

petites herbes douces. Il est presque toujours posé
entre deux branches d'arbres. Les petits sont
d'abord nourris de chenilles et d'autres insectes;
mais ils s'accoutument bientôt à la viande, que le
mâle leur procure avec une industrie étonnante.
Ils diffèrent essentiellement des autres oiseaux
de proie par le soin particulier qu'ils ont de leurs
petits; non-seulement ils ne les chassent pas du
nid aussitôt qu'ils peuvent pourvoir d'eux-mêmes
à leur subsistance; mais, devenus grands, ils ne
les abandonnent pas, et ils continuent de vivre
tous ensemble. Chaque famille vit à part, composée du père, de la mère, et de cinq ou six petits; la paix et la subordination règnent parmi
eux, et ils vont à la chasse de concert. Cette union
ne cesse qu'au renouvellement de la saison, époque
à laquelle les petits se séparent de leurs parens
pour aller de leur côté former un établissement.
Ces oiseaux peuvent facilement se distinguer à quelque distance : ils sont toujours en troupes, et ils
volent de haut en bas sans aller jamais en droite
ligne.

LE TYRAN.

Cet oiseau est de la grosseur d'une grive; le bec
est brun foncé et garni de poils à sa base; les

parties supérieures de son corps sont couleur de plomb, les inférieures blanches, excepté la poitrine qui est gris cendré ; la queue est brune ainsi que les jambes.

Suivant les relations d'écrivains respectables, le courage de ce petit animal est très-singulier. « Il poursuit, dit Catesby, tous les oiseaux qui s'approchent de sa demeure : depuis le plus petit jusqu'au plus grand, aucun n'échappe à sa furie. Il ne les attaque qu'au vol, et jamais lorsqu'ils sont en repos. Je vis un de ces petits oiseaux fixé sur le dos d'un aigle, et le persécuter tellement, qu'il avait beau se tourner sur le dos, prendre différentes attitudes dans l'air, rien ne pouvait l'en débarrasser. L'aigle fut enfin obligé de s'arrêter sur un arbre, et de ne faire aucun mouvement jusqu'à ce que le petit tyran fût fatigué, ou qu'il crût convenable de le quitter. C'est la conduite habituelle du mâle, tandis que la femelle couve. Il se tient sur un buisson ou sur un arbre près de son nid ; si quelque petit oiseau en approche, il le chasse ; mais les gros, tels que les corneilles, les faucons, les aigles, en seraient à un quart de lieue, qu'il court les attaquer. Ces oiseaux n'ont qu'un petit gazouillement qu'ils font entendre avec véhémence dans le combat. Quand ils n'ont pas de petits, ils sont aussi paisibles que les autres. »

Cependant on a eu quelquefois l'occasion de faire des observations différentes de celles ci-dessus : « Un tyran, dit M. Abbot, avait fait son nid sur un pin touffu : je le considérais un jour en songeant par quels moyens je pourrais m'emparer des œufs, lorsque je vis une corneille se poser sur la branche où était le nid, casser les œufs et les manger, sans s'émouvoir des coups de bec que le mâle et la femelle ne cessaient de lui donner. Lorsqu'elle eut fini son carnage, elle s'envola. »

Ces oiseaux se trouvent principalement dans la province de Caroline, au nord de l'Amérique. Les œufs de la femelle sont couleur de chair, avec de jolies petites taches violettes et noires aux extrémités.

CHAPITRE III.

LE CONDOR.

Sɪ la force et la grandeur, unies à la rapidité du vol et à la voracité, méritaient la première place, aucun oiseau n'aurait plus le droit d'y prétendre que le condor; car il possède même à un plus haut degré que l'aigle, toutes les qualités, toutes les puissances qui le rendent redoutable, nou-seulement aux plus petites espèces d'oiseaux, mais aux quadrupèdes et à l'homme même.

Cet animal a dix-huit pieds de vol et d'envergure; le corps, le bec et les serres à proportion aussi grands et aussi forts; le cou nu, et d'une couleur rouge. Dans quelques individus le dos est bigarré de noir, gris et blanc, et le ventre est d'un rouge écarlate. La tête du condor qui fut tué au fort Désiré de l'île Pégu, ressemblait assez à celle d'un aigle, excepté qu'elle était ornée d'une large crête; le cou était entouré d'une espèce de fraise ou de collier; les plumes du dos étaient très-noires et très-brillantes, les jambes fortes et grosses, les talons semblables à ceux de l'aigle;

on comptait douze pieds d'envergure. Deux de ces oiseaux, mâle et femelle, furent déposés pour quelque temps, comme modèles, dans le Muséum Leverian; ils avaient sur la poitrine une espèce de substance flottante de la forme d'une poire. Le mâle avait dix pieds d'envergure.

Nous ne pouvons mieux faire, pour donner une idée juste de la forme du corps et de la force de cet animal, que de rapporter ce qu'en dit le P. Feuillée, le seul de tous les naturalistes et voyageurs qui en ait donné une description détaillée. « Le condor est un oiseau de proie de la vallée d'Ilo au Pérou. J'en découvris un qui était perché sur un grand rocher : je l'approchai à portée de fusil et le tirai; mais comme mon fusil n'était chargé que de gros plomb, le coup ne put entièrement percer la plume de son parement. Je m'aperçus cependant à son vol qu'il était blessé; car s'étant levé fort lourdement, il eut assez de peine à arriver sur un autre rocher à cinq cents pas de là, sur le bord de la mer; c'est pourquoi je chargeai de nouveau mon fusil d'une balle, et perçai l'oiseau au-dessous de la gorge. Je m'en vis pour lors le maître, et courus pour l'enlever : cependant il disputait encore avec la mort; et s'étant mis sur son dos, il se défendait contre moi avec ses serres toutes ouvertes, en sorte que je ne savais de quel côté le saisir; je crois même que s'il n'eût pas été blessé à mort, j'aurais eu beaucoup de peine à en venir à bout : enfin je le traînai du haut du rocher en bas, et avec le secours d'un matelot, je le portai dans ma tente pour le dessiner.

« Les ailes du condor, que je mesurai fort exactement, avaient, d'une extrémité à l'autre, onze pieds quatre pouces; et les grandes plumes, qui étaient d'un beau noir luisant, avaient deux pieds deux pouces de longueur. La grosseur de son bec était proportionnée à celle de son corps; la longueur du bec était de trois pouces sept lignes; sa partie supérieure était pointue, crochue et blanche à son extrémité, tout le reste était noir : un petit duvet court, de couleur minime, couvrait toute la tête de cet oiseau; ses yeux étaient noirs, et entourés d'un cercle brun-rouge; tout son parement et le dessous du ventre, jusqu'à l'extrémité de la queue, était d'un brun clair; son manteau, de la même couleur, était un peu plus obscur; les cuisses étaient couvertes jusqu'au genou de plumes brunes ainsi que celles du parement; le fémur avait dix pouces une ligne de longueur, et le tibia cinq pouces deux lignes. Le pied était composé de trois serres antérieures et d'une postérieure : celle-ci avait un pouce et demi de lon-

gueur, avec une seule articulation, et elle se terminait par un ongle noir et long de neuf lignes :
la serre antérieure du milieu du pied, ou la
grande serre, avait cinq pouces huit lignes et
trois articulations, et l'ongle qui la terminait,
long d'un pouce neuf lignes, était noir comme les
autres : la serre intérieure avait trois pouces deux
lignes et deux articulations, et était terminée par
un ongle de la même grandeur que celui de la
grande serre : la serre extérieure avait trois pouces
et quatre articulations, et l'ongle était d'un pouce.
Le tibia était couvert de petites écailles noires ;
les serres étaient de même, mais les écailles en
étaient plus grandes.

« Ces animaux gîtent ordinairement sur les
montagnes où ils trouvent de quoi se nourrir ; ils
ne descendent sur le rivage que dans la saison des
pluies ; sensibles au froid, ils y viennent chercher la chaleur. Au reste, quoique ces montagnes
soient situées sous la zone torride, le froid ne
laisse pas de s'y faire sentir ; elles sont presque
toute l'année couvertes de neige, mais particulièrement en hiver.

« Le peu de nourriture que ces animaux trouvent sur le bord de la mer, excepté lorsque quelques tempêtes y jettent quelques gros poissons,
les oblige à n'y pas faire de longs séjours : ils y

viennent ordinairement le soir, y passent toute la nuit, et s'en retournent le matin. »

Plusieurs auteurs assurent que le condor est deux fois plus grand que l'aigle, et qu'il est d'une telle force, qu'il ravit et dévore une brebis entière, qu'il n'épargne pas même les cerfs, et qu'il renverse aisément un homme. Il a le bec si fort qu'il perce la peau d'une vache, et deux de ces oiseaux en peuvent tuer et manger une.

Ulloa, dans son voyage de l'Amérique méridionale, raconte qu'il vit une fois un condor saisir et enlever un agneau. « Je remarquai, dit-il, sur une montagne voisine de celle où j'étais, un troupeau de brebis dans le plus grand désordre : j'aperçus en même temps un de ces oiseaux fuyant avec un agneau dans ses serres. Lorsqu'il fut à une certaine hauteur, il le laissa tomber, le reprit, et le laissa tomber pour la seconde fois; mais les cris des bergers et les aboiemens des chiens ayant attiré une foule d'Indiens, il abandonna sa proie et s'envola à perte de vue. »

Frézier, dans son voyage de la mer du Sud, parle de cet oiseau dans les termes suivans : « Nous tuâmes un jour un oiseau de proie appelé condor, qui avait neuf pieds de vol, et une crête brune qui n'est point déchiquetée comme celle du coq; il a le devant du gosier rouge, sans plumes comme le coq d'Inde ; il est ordinairement gros et fort à pouvoir emporter un agneau. Voici la manière dont ces oiseaux s'y prennent pour enlever un agneau au milieu d'un troupeau : ils forment un cercle entre eux en étendant leurs ailes ; étant ainsi serrés les uns contre les autres, les béliers ne sont pas en état de défendre leurs petits : c'est alors qu'ils fondent sur eux et les enlèvent. »

La femelle du condor fait son nid parmi les rochers les plus hauts et les plus inaccessibles ; elle y dépose deux œufs blancs, un peu plus gros que ceux du dindon.

Ces énormes animaux semblent remplacer les loups dans l'Amérique méridionale ; ils sont aussi redoutés par les habitans que les loups dans les autres climats. On emploie plusieurs moyens pour les détruire. Quelquefois un homme s'affuble de la peau d'un animal fraîchement tué, va et vient, s'arrange de manière que très-souvent le condor, trompé par ce déguisement, arrive pour l'attaquer : alors d'autres personnes, qui s'étaient tenues cachées, viennent secourir leur compagnon, et, tombant toutes à la fois sur l'oiseau, l'accablent par le nombre et le tuent. D'autres fois, on porte une charogne au fond d'un vallon profond : lorsque l'oiseau s'est rassasié, et qu'il est dans l'impossibilité de voler librement , des hommes qui se tenaient près de là , le combattent , et s'en rendent maîtres. On les prend aussi par le moyen des piéges et des filets.

LE VAUTOUR.

Le vautour se trouve communément dans les contrées les plus chaudes de l'Europe , de l'Asie et de l'Amérique ; mais il est totalement inconnu en Angleterre. Sa longueur est de quatre pieds et demi, et son poids est de quatre à cinq livres pour l'ordinaire. Sa tête est petite , couverte d'une peau rouge , hérissée de quelques poils noirs , ce qui lui donne un peu de ressemblance avec le dindon. Le plumage est brun , mêlé de rouge et de vert ; les jambes sont d'une couleur de chair sale , et les griffes noires.

Ces oiseaux ont une odeur affreuse ; ils se tiennent la nuit perchés sur des rochers ou sur des arbres , les ailes étendues, apparemment dans l'intention de se purifier. Leur vol est d'une hauteur prodigieuse , et ils agitent leurs ailes comme le milan. Les charognes et les ordures les plus dégoûtantes paraissent être leur nourriture favorite ; ils distinguent leur proie de fort loin par la finesse de leur odorat. Lorsqu'on a jeté quelque part une charogne, on les voit tous arriver de différens côtés ; ils descendent en tournoyant jusqu'à ce qu'ils aient atteint la terre.

A Carthagène, ces oiseaux demeurent sur le toit des maisons, et se promènent le long des rues : ils sont même très-utiles aux habitans, en dévorant les immondices, dont l'affluence extraordinaire rendrait le climat plus malsain qu'il ne l'est déjà. Dans quelques pays, ils rendent un service plus important encore, en détruisant les œufs du crocodile, et arrêtant ainsi la population de ce dangereux animal. Ils guettent la femelle déposant ses œufs dans le sable ; et lorsqu'elle est retournée à l'eau, ils se précipitent sur le lieu, déterrent les œufs, et les dévorent avec avidité. Quand ils ne trouvent pas de nourriture dans les villes, ils en vont chercher parmi les troupeaux des pâturages voisins. Si un animal est assez malheureux pour avoir une plaie sur le dos, le vautour descend sur lui, et s'attache à la partie malade. C'est en vain que la pauvre victime s'efforce de se débarrasser de ses griffes en se roulant sur la terre, rien ne lui réussit ; car les vautours n'abandonnent jamais leur proie qu'ils ne l'aient complétement détruite.

La ressemblance qu'ont ces oiseaux, à quelque

distance, avec les dindons, causa une méprise fâcheuse à l'un des officiers engagés dans l'expédition autour du monde, sous Woodes Rogers : en ayant aperçu une immense quantité dans l'île de Lobos, cet officier, enchanté de la perspective d'un aussi bon repas, après un voyage pénible, n'attendit même pas que le bateau le conduisit jusqu'au rivage; mais prenant son fusil d'une main, il s'élança dans l'eau, et gagna la terre en nageant : arrivé près d'une troupe de ces oiseaux il tira sur eux, et en tua plusieurs; mais quand il vint ramasser sa chasse, il fut désagréablement désabusé par l'odeur et la vue de ces prétendus dindons.

Kolbe dit que ces oiseaux, ou une variété de la même espèce, fréquentent ordinairement les lieux environnant le cap de Bonne-Espérance. « J'ai moi-même vu plusieurs fois, dit cet auteur, des squelettes de vaches, de bœufs, et d'animaux sauvages qu'ils avaient dévorés; j'appelle ces restes des squelettes, et ce n'est pas sans fondement, puisque ces oiseaux séparent avec tant d'art les chairs d'avec les os et la peau, que ce qui reste est un squelette parfait, couvert encore de la peau, sans qu'il y ait rien de dérangé; on ne saurait même s'apercevoir que ce cadavre est vide que lorsqu'on en est tout près. Pour cela, voici comment ils s'y prennent : d'abord ils font une ouverture au ventre de l'animal, d'où ils arrachent les entrailles qu'ils mangent ; et entrant dans le vide qu'ils viennent de faire, ils séparent les chairs. Il arrive souvent qu'un bœuf qu'on laisse retourner seul à son étable, après l'avoir ôté de la charrue, se couche sur le chemin pour se reposer ; si les vautours l'aperçoivent, ils tombent immanquablement sur lui, et le dévorent. Ils s'assemblent souvent au nombre de cent, et quelquefois davantage, pour attaquer un troupeau de bœufs ou de vaches. »

Quelques auteurs ont cru pouvoir avancer que le vautour ne se nourrissait que d'animaux morts ; mais il n'est guère possible d'adopter cette opinion, car ils sont ennemis mortels de toute espèce de volaille, des lièvres, et des jeunes chevreaux. Lorsqu'ils peuvent emporter des agneaux, ils ne leur font pas de grâce, et les serpens sont leur nourriture ordinaire. Albert dit qu'ils blessent leur proie seulement avec deux de leurs ongles, et qu'ils l'enlèvent avec les autres. Ils ne craignent point le danger, et ils se laissent approcher de près, surtout quand ils mangent, sans témoigner aucun signe de frayeur.

La malpropreté, la lâcheté et la voracité de ces oiseaux passent toute croyance. Dans le Brésil où ils sont en grande abondance, lorsqu'ils tombent dessus une charogne, qu'ils ont la liberté de déchirer à leur aise, ils se gorgent de nourriture au point d'être incapables de voler, et s'ils continuaient toujours, ils ne pourraient plus fuir qu'en sautillant; mais lorsqu'ils sont pressés par le danger, ils se débarrassent de leur fardeau en rendant ce qu'ils ont pris, et prennent leur vol avec le plus de promptitude qu'il leur est possible, quoiqu'en tout temps ils soient très-lents au vol.

La chair de ces animaux est étonnamment dure et dégoûtante ; quelques hommes pressés par la faim ont en vain essayé d'en manger : on a beau leur arracher le croupion dès qu'on les a tués, leur ôter les entrailles, assaisonner le tout de fortes épices, rien ne peut détruire la mauvaise odeur que leur chair a contractée par des charognes dont ils ont fait leur principale nourriture. Ces oiseaux, autant que nous ayons pu le découvrir, ne font qu'une ponte de deux œufs par an ; ils font leurs nids dans des rochers escarpés et inaccessibles, et dans des lieux si solitaires, qu'il est très-rare de les y rencontrer. Les vautours qu'on trouve en Europe demeurent dans les lieux où ils sont nés, et descendent rarement dans les plaines, excepté lorsque la neige et la glace ont banni de leurs retraites tous les animaux vivans ; ne trouvant plus

rien pour leur nourriture, ils quittent leurs rochers, et bravent les périls qu'ils peuvent rencontrer dans les régions cultivées.

On voit à la ménagerie royale, à Paris, plusieurs espèces de vautours, dont un nommé le roi
des vautours a été donné par Monseigneur le duc
d'Orléans. La raison qui a fait donner le beau
surnom qu'il porte, mérite d'être citée. Lorsqu'un
couple, composé du mâle et de la femelle qui vivent toujours ensemble, vient s'abattre sur une proie
que dévoraient d'autres bandes nombreuses d'une
autre espèce, ces bandes s'enfuient, laissant le roi
des vautours et sa femelle achever tranquillement
leur repas.

Au chateau d'Olesblo, où naquit le célèbre Jean
Sobieski, roi de Pologne, on était parvenu à trans-
former en coursiers très-dociles, deux vautours
qu'on attelait à un charriot pour promener les enfans du seigneur polonais propriétaire de ce domaine.

CHAPITRE IV.

L'AUTRUCHE.

L'autruche est un oiseau remarquable par la grandeur de sa taille.

On peut compter sept à neuf pieds depuis le sommet de sa tête jusqu'à terre, à cause de l'extrême longueur de son cou. Sa tête est petite, et n'est couverte, ainsi que la plus grande partie de son cou, que de quelques poils çà et là dispersés. Les plumes du corps sont noires, et détachées les unes des autres ; celles des ailes et de la queue, d'un blanc de neige, longues et flottantes, se terminent par une pointe de noir. Les ailes sont armées d'aiguillons qui peuvent se comparer aux dards du porc-épic. Les cuisses et les flancs n'ont point de plumes ; les pieds sont forts et d'un gris brun.

Les déserts brûlans et sablonneux de l'Afrique et de l'Asie sont les seuls lieux où se trouvent ces animaux : on les voit souvent en troupeaux si considérables, qu'à quelque distance on croit apercevoir une troupe d'hommes à cheval.

Cet animal, à beaucoup d'égards, diffère du reste des oiseaux. Les fortes jointures de ses jambes et de ses pieds lui servent parfaitement bien pour sa défense et pour rendre sa marche plus prompte ; les ailes et en général toutes ses plumes ne peuvent l'aider à s'élever de terre. Son dos, de la forme de celui du chameau, est couvert de poil. Comme les quadrupèdes, on le voit dans les plaines paître avec le zèbre.

Ces oiseaux causent souvent de grands dommages aux fermiers dans l'intérieur de l'Afrique méridionale, en allant par troupes dans leurs champs, et en détruisant si complètement les épis de blé, qu'on voit quelquefois une étendue considérable de terre sur laquelle il ne reste plus que la paille. Le corps de l'oiseau n'est pas plus haut que le blé ; et lorsqu'il mange les épis, il courbe son long cou de manière qu'à une petite distance il ne saurait être aperçu ; mais au moindre bruit il redresse la tête, et assez généralement il parvient à s'échapper avant que le fermier, qui le guette pour le tuer, ait pu l'atteindre.

L'autruche, en courant, a le maintien impérieux et fier ; alors même qu'elle se trouve dans le plus grand danger, elle ne paraît jamais se presser beaucoup, surtout si le vent lui est favorable ; car le vent, soufflant dans la direction de sa course, frappe ses ailes, et alors le cheval le plus léger ne pourrait l'atteindre ; mais si l'air est calme et chaud, ou si l'autruche a perdu une de ses ailes, il n'est pas difficile de la surpasser.

L'autruche est du petit nombre des oiseaux qui ont plusieurs femelles ; on a vu souvent un mâle en avoir deux ou trois, et quelquefois jusqu'à cinq.

Les femelles qui sont unies au même mâle déposent tous leurs œufs dans le même lieu, au nombre de dix ou douze pour chacune d'elles, confondant ensemble, par ce mélange, leur postérité, adoptant mutuellement les enfans les unes des autres, et, par un instinct admirable se dépouillant ainsi, pour l'intérêt de la génération future, de toutes les jolousies d'épouses et de mères. Les œufs éclosent tous ensemble, et le mâle les couve à son tour. On a trouvé quelquefois jusqu'à soixante ou soixante-dix œufs dans un seul nid. Le temps de l'incubation est de six semaines.

M. Le Vaillant rapporte qu'en Afrique il écarta une autruche de son nid, dans lequel il trouva onze œufs extrêmement chauds, et quatre autres à une petite distance. Ceux du nid étaient pleins, mais ses compagnons se saisirent avidement de ceux qui en étaient détachés, en disant qu'ils étaient bons à manger. Ils lui apprirent que, près du nid, ces oiseaux plaçaient toujours un certain nombre d'œufs qu'ils ne couvaient pas, et qu'ils destinaient à être la première nourriture des petits qui doivent éclore. « L'expérience, dit ce voyageur, m'a convaincu de la vérité de cette observation ; car je n'ai jamais rencontré depuis un seul nid d'autruche, sans trouver des œufs placés de la même manière, à quelque distance. »

Quelque temps après ceci, notre auteur trouva une autruche femelle sur un nid contenant trente-deux œufs, et douze autres étaient placés à une petite distance, chacun à part dans une cavité particulière. Il demeura près de ce lieu quelque temps, et vit trois autres femelles venir se placer alternativement dans le nid ; chacune d'elles y restait environ un quart d'heure, ensuite elle cédait sa place à une autre, et en l'attendant, allait se tenir serrée auprès de celle qui devait lui succéder.

Le professeur Thumberg rapporte que, se promenant un jour à cheval près du lieu où une autruche femelle était sur son nid, elle s'élança vers lui, et le poursuivit dans l'intention évidente de défendre ses œufs ou ses petits du mal qu'elle craignait qu'il ne leur fît. Chaque fois qu'il tournait son cheval vers elle, elle se reculait de dix ou douze pas; mais il ne fut pas plus tôt éloigné qu'elle le poursuivit encore, jusqu'à ce qu'il fût à une distance considérable du lieu où il l'avait épouvantée.

Le nid d'autruche ne paraît être qu'un creux formé par ces oiseaux, dans la terre, en la foulant pendant quelque temps avec leurs pieds.

Si quelqu'un touche aux œufs pendant leur absence, ils s'en aperçoivent promptement à leur retour, par l'odorat, et alors, non-seulement ils n'en remettent plus dans le même endroit, mais ils écrasent avec leurs pieds ceux qui sont restés : aussi, lorsque les Nègres veulent leur en dérober, ils n'en touchent aucun avec leurs mains, mais ils les poussent hors du nid à l'aide d'un long bâton.

M. Barrow, à qui nous devons une excellente description des parties méridionales de l'Afrique, nous apprend que les œufs d'autruche sont regardés dans ce pays comme un mets d'une grande délicatesse. Il y a plusieurs manières de les accommoder; mais la suivante, adoptée par les Hottentots, est réputée pour être la meilleure : il faut simplement les enterrer dans les cendres chaudes, faire un trou à la partie supérieure, et remuer toujours en tournant jusqu'à ce qu'on sente qu'ils aient pris la consistance d'une omelette. Préparés de cette manière, M. Barow dit qu'il en a fait *d'excellens repas* dans le cours de ses longs voyages dans les déserts de l'Afrique. On conserve aisément ces œufs pendant très-long-temps, même sur mer, sans qu'on soit obligé de les retourner souvent, comme il est nécessaire pour les œufs de poule. Ces œufs sont si gros qu'un seul peut suffire pour le repas de deux ou trois personnes.

Thumberg a vu des colliers et des ornemens de ceinture que les Hottentots font avec les coquilles de ces œufs, en taillant des morceaux de la forme d'un petit anneau ; et M. Barrow dit qu'on trouve souvent dans l'intérieur, beaucoup de cailloux d'une forme ovale, d'un jaune pâle, et de la dimension d'une grosse poire.

L'autruche est surtout précieuse par son plumage : aussi les Arabes mettent-ils une sorte de science dans la manière de les prendre à la chasse. Ils sont à cheval, et ne les poursuivent d'abord qu'avec un galop modéré, car s'ils commençaient rapidement leur course, ils les exciteraient à fuir si vite et si loin, que bientôt elles seraient entièrement hors de leur vue, et que toutes leurs recherches deviendraient vaines ; mais lorsqu'ils n'animent que peu à peu leur poursuite, les autruches ne font pas beaucoup d'efforts pour leur échapper : elles ne vont jamais en droite ligne; elles courent d'abord sur un côté, ensuite sur l'autre, ce qui donne un grand avantage aux chasseurs, parce qu'en courant droit à elles, ils gagnent nécessairement du terrain. Au bout de quelques jours la force de l'oiseau est augmentée, et alors il s'en sert avec toute la rage que lui donne le désespoir contre ceux qui le poursuivent; ou bien, vaincu et découragé, il cache sa tête, et se soumet honteusement à son sort. Quelques auteurs racontent que les naturels du pays se couvrent d'une peau d'autruche, et par ce moyen peuvent les approcher assez pour les surprendre.

Les autruches s'apprivoisent facilement, et il y a peu d'animaux domestiques qui puissent être plus utiles ; car, outre la valeur de leurs plumes et de leurs œufs, les Arabes s'en servent quelquefois comme de chevaux, et ils font usage de leur peau au lieu de cuir.

Les autruches sont douces et familières avec les personnes qu'elles connaissent. M. Adanson a vu au comptoir de Podor deux autruches encore jeunes, dont la plus forte courait plus vite que le meilleur coureur anglais, quoiqu'elle eût deux Nègres sur le dos. Tout cela prouve que ces animaux, sans être absolument farouches, sont néanmoins d'une nature rétive, et que si on peut les apprivoiser jusqu'à se laisser mener en troupeaux, revenir au bercail, et même à souffrir qu'on les monte, il est difficile et peut-être impossible de les réduire à obéir à la main du cavalier, à sentir ses demandes, comprendre ses volontés, et s'y soumettre. Nous voyons, par la relation même de M. Adanson, que l'autruche de Podor ne s'éloigna pas beaucoup, mais qu'elle fit plusieurs fois le tour de la bourgade, et qu'on ne put l'arrêter qu'en lui barrant le passage ; docile à un certain point par stupidité, elle paraît intraitable par son naturel ; et il faut bien que cela soit, puisque l'Arabe, qui a dompté le cheval et subjugué le chameau, n'a pu encore maîtriser entièrement l'autruche ; cependant jusqu'ici on n'a pu tirer parti de sa vitesse et de sa force, car la force d'un domestique indocile se tourne presque toujours contre son maître.

Lorsque ces oiseaux sont apprivoisés, on les voit souvent jouer, sauter, bondir, avec une extrême vivacité. Pendant la chaleur du jour, ils ont un plaisir singulier à se promener fièrement le long d'un mur contre lequel le soleil donne ; ils étendent leurs ailes en éventail, ils en agitent l'air, et se tournent à chaque instant pour admirer leur ombre, qui paraît être pour eux un spectacle extrêmement agréable ; le mouvement de leurs ailes continuellement agitées est un soulagement qui adoucit pour eux la chaleur de ces climats brûlans.

Mais elles traitent souvent les étrangers d'une manière cruelle ; elles s'élancent sur eux avec furie, et les renversent ; non contentes de voir leurs ennemis abattus, elles leur donnent de violens coup de bec, et les foulent ensuite aux pieds. Leurs griffes sont si fortes, que le docteur Shaw dit avoir vu une malheureuse personne qui, pour avoir été ainsi terrassée, eut le ventre ouvert. Dans le combat, l'autruche fait entendre un sifflement sauvage ; son bec s'ouvre, et sa gorge s'enfle ; sa voix est glapissante lorsqu'elle a vaincu ou mis en fuite un ennemi. Pendant la nuit, son cri est effroyable ; il ressemble assez au mugissement du lion ou à celui de l'ours qu'on entendrait dans le lointain.

Ces animaux vivent principalement de matières végétales ; ils ont le gésier muni de muscles très-forts, comme tous les granivores, et ils avalent fort souvent du fer, du cuivre, des pierres, du verre, du bois, enfin tout ce qu'ils trouvent, jusqu'à ce que leurs grands estomacs soient entièrement pleins ; le besoin de les lester par un volume suffisant de matière est l'une des principales causes

de leur voracité. Dans les sujets disséqués par
Warren et par Ramby, les ventricules étaient tellement remplis et distendus, que la première idée
qui vint à ces anatomistes, fut de douter que ces
animaux eussent jamais pu digérer une telle sur-
charge de nourriture. Ramby ajoute que les matières contenues dans ces ventricules paraissaient
n'avoir subi qu'une légère altération. Vallisnieri
trouva aussi le premier ventricule entièrement
plein d'herbes, de fruits, de légumes, de noix,
de cordes, de pierres, de verre, de cuivre jaune
et rouge, de fer, d'étain, de plomb, et de bois ;
il y en avait entre autres un morceau qui pesait
près d'une livre. L'autruche entasse donc les matières dans ses estomacs à raison de leur capacité,
et par la nécessité de les remplir ; et comme elle
digère avec facilité et promptitude, il est aisé de
comprendre pourquoi elle est insatiable.

Des peuples entiers ont mérité le nom de stru-
thophages, par l'usage où ils étaient de manger
de l'autruche ; et ces peuples étaient voisins des
éléphanthophages, qui ne faisaient pas meilleure
chère. Apicius prescrit, et avec grande raison,
une sauce un peu piquante pour cette viande, ce
qui prouve au moins qu'elle était en usage chez
les Romains ; mais nous en avons d'autres preuves :
l'empereur Héliogabale fit un jour servir les cer-

velles de six cents autruches dans un seul repas.

On voit dans la ménagerie d'Exeter-Change une autruche remarquablement belle, que le capitaine Gore a amenée de Gorée. Sa nourriture principale est du pain, des choux ; elle est si bien apprivoisée que même les étrangers peuvent la toucher sans qu'il y ait à craindre qu'elle fasse jamais de mal.

L'ÉMEU.

CET oiseau est propre à l'Amérique méridionale, et ne cède en grosseur qu'à l'autruche, avec laquelle les voyageurs lui ont trouvé tant de rapports qu'ils n'ont jamais parlé de ce qui l'en faisait particulièrement différer. Il est commun dans la Guyane, dans les provinces intérieures du Brésil, du Chili, et dans les vastes forêts qui sont au nord de l'embouchure de la Plata. Autrefois il y avait des cantons dans le Paraguay qui étaient remplis de ces oiseaux, surtout les campagnes arrosées par l'Uraguai ; mais à mesure que les hommes s'y sont multipliés, ils en ont tué un grand nombre, et le reste s'est éloigné.

L'émeu a en général six pieds de haut, et Wafer, qui a mesuré la cuisse d'un des plus grands, l'a trouvée presque égale à celle d'un homme ; il a le long cou, la petite tête, et le bec aplati de l'autruche ; mais pour tout le reste, il a plus de rapport avec le casoar. Son corps est de forme ovoïde, et paraît presque entièrement rond lorsqu'il est revêtu de toutes ses plumes ; ses ailes sont très-courtes et inutiles pour le vol, quoiqu'on prétende qu'elles ne le soient pas pour la course ; il a sur le dos et aux environs du croupion de longues plumes qui lui tombent en arrière, et qui lui tiennent lieu de queue ; tout son plumage est gris sur le dos et blanc sur le ventre. C'est un oiseau très-haut monté, ayant trois doigts à chaque pied, et tous trois en avant ; car on ne doit pas regarder comme un doigt ce tubercule calleux et arrondi qu'il a en arrière, et sur lequel le pied se repose comme sur une espèce de talon : on attribue à cette conformation la difficulté qu'il a de se tenir sur un terrain glissant, et d'y marcher sans tomber. En récompense il court très-légèrement en pleine campagne, élevant tantôt une aile, tantôt une autre, mais avec des intentions qui ne sont pas encore bien éclaircies. Marcgrave prétend que c'est afin de s'en servir comme d'une voile pour prendre le vent ; Nieremberg pense que c'est pour rendre le vent contraire aux chiens qui le poursuivent ; Pison et Klein assurent que c'est pour changer souvent la direction de sa course, afin d'éviter par ces zig-zags les flèches des sauvages; d'autres enfin disent qu'il cherche à s'exciter à courir plus vite en se piquant lui-même avec une espèce d'aiguillon dont ses ailes sont armées. Quoi qu'il en soit, il est certain que ces oiseaux courent avec une très-grande vitesse, et qu'il est difficile aux chiens de chasse, même les plus agiles, de pouvoir les atteindre : on cite un émeu qui, se voyant coupé, s'élança avec une telle impétuosité, qu'il en imposa aux chiens, et s'échappa vers les montagnes.

Nieremberg conte des choses fort étranges au sujet de leur propagation : selon lui, c'est le mâle qui se charge de couver les œufs; pour cela, il fait en sorte de rassembler plusieurs femelles, afin qu'elles pondent dans un même nid. Dès qu'elles ont pondu, il les chasse à grands coups de bec, et vient se poser sur leurs œufs, avec la singulière précaution d'en laisser deux à l'écart, qu'il ne couve point; lorsque les autres commencent à éclore, ces deux-là se trouvent gâtés, et le mâle prévoyant ne manque pas d'en casser un, qui attire une multitude de mouches, de scarabées, et d'autres insectes, dont les petits se nourrissent; lorsque le premier est consommé, le couveur entame le second, et s'en sert aussi pour la nourriture de ses petits jusqu'à ce qu'ils soient en état de pourvoir d'eux-mêmes à leur subsistance.

Wafer dit avoir aperçu dans une terre déserte, au nord de la Plata, une quantité d'œufs d'émeus dans le sable, où, selon lui ces oiseaux les laissent couver : mais tous ces récits paraissent douteux ; il est plus probable que ce sont les œufs du crocodile que Wafer a vus ; car il est certain que ces animaux les laissent dans le sable, où la seule chaleur du soleil suffit pour les faire éclore.

Ce dernier auteur ajoute que, lorsque les jeunes émeus viennent de naître, ils sont familiers et suivent la première personne qu'ils rencontrent ; mais en vieillissant, ils acquièrent de l'expérience et deviennent sauvages. Ils sont si prompts à la course qu'un lévrier peut à peine les atteindre. Il paraît qu'en général leur chair est un assez bon manger, excepté celle des vieux, qui est dure et de mauvais goût : on pourrait perfectionner cette viande en élevant des troupeaux de jeunes émeus, en les engraissant, et en employant tous les moyens qui nous ont réussi à l'égard des dindons qui vien-- nent également des climats chauds et tempérés du continent de l'Amérique.

Il y a plusieurs oiseaux de cette espèce dans la ménagerie d'Exeter-Change. Ils se nourrissent principalement de pain, de choux, etc., et sont assez familiers. En 1806, que je les vis, le gardien me montra un œuf récemment pondu par une des femelles; il était un peu plus petit que celui de l'autruche, d'un beau vert foncé, mêlé de petites taches blanches.

LE CASOAR.

LA conformation de cet oiseau lui donne un air de force et de cruauté que son maintien sauvage et bizarre contribue à rendre plus redoutable. M. de Buffon dit que celui qui fut décrit par MM. de l'Académie avait cinq pieds et demi du bout du bec au bout des ongles, et environ trois pieds de la poitrine jusqu'au croupion, car il n'a pas de queue; le cou et la tête ont dix-huit pouces ou deux pieds de haut; les jambes ont deux pieds et demi depuis le ventre jusqu'à l'extrémité des ongles; les pieds très-gros et très-nerveux, ont trois doigts qui sont dirigés en avant; les ongles, extrêmement durs, sont couverts d'une peau calleuse et jaune; celui du milieu est le plus grand, il a quelquefois cinq pouces de long, tandis que les autres n'en ont que trois. Le casoar a les ailes très-petites et tellement cachées sous les plumes du dos, qu'on a de la peine à les apercevoir. Dans les au- tres oiseaux, les plumes qui servent au vol sont différentes de celles qui ne doivent que les cou- vrir; mais, dans le casoar, toutes les plumes sont de la même espèce et de la même couleur, d'un rouge foncé mêlé de noir. La plupart de ces plu- mes sont doubles, chaque tuyau donnant ordi- nairement naissance à deux tiges plus ou moins longues et souvent inégales entre elles; elles ne sont pas d'une structure uniforme dans toute leur longueur, les tiges sont plates, noires et luisantes, divisées par nœuds en dessous, et chaque nœud produit une barbe ou un filet, avec cette différence que, de la racine au milieu de la tige, ces filets sont plus courts, plus branchus, et, pour ainsi dire, *duvetés*, et d'une couleur de gris tanné; au lieu que depuis le milieu de la même tige jusqu'à son extrémité, ils sont plus longs, plus durs, et de couleur noire; ces filets recouvrent les autres et sont les seuls qui s'aperçoivent. Les plumes de la tête du cou sont si courtes et si clair-semées qu'on voit la peau à découvert, excepté sur le der- rière de la tête où elles paraissent un peu plus longues. Les ailes n'ont que trois pouces de long, dépouillées de leurs plumes, qui ressemblent à celles des autres parties du corps. Elles sont ar- mées de cinq piquans; ce sont comme des tuyaux de plumes qui paraissent rouges à leur extrémité et sont creux dans toute leur longueur; ils contiennent dans leur cavité une espèce de moëlle semblable à celle des plumes naissantes des autres oiseaux : celui du milieu a près de douze pouces de longueur et environ trois lignes de diamètre : c'est le plus long de tous; les latéraux vont en décroissant de part et d'autre comme les doigts de la main et à peu près dans le même ordre; la pointe de ces piquans est si émoussée, qu'on serait toujours tenté de la croire cassée.

Le trait le plus remarquable dans la figure du casoar est cette espèce de casque conique, noir par-devant, jaune dans tout le reste, qui s'élève sur le front, depuis la base du bec jusqu'au milieu du sommet de la tête, et quelquefois au-delà : ce casque est formé par le renflement des os du crâne en cet endroit, et il est recouvert d'une enveloppe dure, composée de plusieurs couches concentriques, et analogues à la substance de la corne de bœuf. Quelques auteurs pensaient que ce casque tombait tous les ans avec les plumes; mais l'opinion la plus vraisemblable est qu'il tombe en détail, et par une espèce d'exfoliation successive, comme il arrive au bec de plusieurs oiseaux.

L'iris des yeux est d'un jaune de topaze, et la cornée singulièrement petite, relativement au globe de l'œil, ce qui donne à l'animal un regard également farouche et extraordinaire : la paupière inférieure est la plus grande, et celle de dessus est garnie, dans sa partie moyenne, d'un rang de petits poils noirs, qui s'arrondit au-dessous de l'œil en manière de sourcil, et forme au casoar une sorte de physionomie que la grande couverture du bec achève de rendre menaçante. Les trous des oreilles sont grands et couverts. La tête est de différentes couleurs, bleue sur les côtés, d'un violet ardoisé sous la gorge, rouge par-derrière en plusieurs places, mais principalement vers le milieu ; et ces places rouges sont un peu plus relevées que le reste par des espèces de rides ou de hachures obliques dont le cou est sillonné. Il y a, comme à l'autruche, un espace calleux et nu sur le *sternum*, à l'endroit où porte le poids du corps lorsque l'oiseau est couché, et cette partie est plus saillante et plus relevée dans le casoar que dans l'autruche. Il a les cuisses et les jambes extrêmement grosses, fortes, et couvertes d'une espèce d'écailles : la jambe paraît plus grosse un peu au dessus du pied, qui est également couvert d'écailles : les ongles sont très-durs, noirs au dehors, et blancs au dedans.

Un célèbre auteur a remarqué que le casoar a la tête d'un guerrier, l'œil du lion, les défenses du porc-épic , et la vitesse d'un coursier. Avec tant de moyens pour combattre , on pourrait le soupçonner d'être l'un des plus cruels et des plus terribles animaux de la création : mais rien n'est plus opposé à son caractère ; il ne désire que la paix , et ne trouble jamais le repos d'aucun animal ; lors même qu'il est attaqué , au lieu de se servir de son bec, qui le défendrait d'une manière terrible , il ne fait usage que de ses jambes et de ses pieds : il donne des coups de pied comme le cheval ; il s'élance en avant contre celui qui l'attaque , le renverse , et ne songe plus qu'à s'échapper. Son allure est bizarre ; il semble qu'il rue du derrière , faisant en même temps un demi-saut en avant ; mais , malgré la mauvaise grâce de sa démarche , on prétend qu'il court plus vite que le meilleur coureur.

Le casoar est aussi vorace que l'autruche ; il avale tout ce qu'on lui jette , c'est-à-dire tout corps dont le volume est proportionné à l'ouverture de son bec. Les Hollandais assurent qu'il peut avaler non-seulement les pierres , le fer , les glaçons , etc. , mais encore des charbons ardens , sans en paraître incommodé.

On dit aussi qu'il rend très-promptement ce qu'il a pris , et quelquefois des œufs aussi entiers qu'il les avait avalés ; en effet , le tube intestinal est si court, que les alimens doivent passer très-vite; et ceux qui, par leur dureté, sont capables de quelque résistance, doivent éprouver peu d'altération dans un si petit trajet. Les œufs de la femelle sont d'un gris cendré, moins gros et plus allongés que ceux de l'autruche, et semés d'une multitude de petits tubercules d'un vert foncé; la coque n'en est pas fort épaisse : les plus grands ont quinze pouces de tour d'un sens, et un peu plus de douze de l'autre.

Le midi de la partie orientale de l'Asie paraît être le vrai climat du casoar; son domaine commence pour ainsi dire où finit celui de l'autruche, qui n'a jamais beaucoup dépassé le Gange; au lieu que celui-ci se trouve dans les îles Moluques, dans celles de Banda, de Java, de Sumatra, et dans les parties correspondantes du continent. Deux de ces animaux, mâle et femelle, sont parmi la collection d'animaux de M. Pidcock, à Exeter-Change. Ils sont bien apprivoisés, et se nourrissent principalement de pain, selon ce que m'a dit le gardien.

CHAPITRE. V.

LE HIBOU.

Cet oiseau a, en général, un pied de longueur ; la tête, les ailes et le dos sont tachetés de noir ; la poitrine est d'un gris pâle, rayée de bandes presque noires ; le tour des yeux est couleur de cendre marqué de brun.

Ce volatile est l'un des plus voraces de l'espèce des chouettes. Le jour il habite les bois les plus épais ; mais à l'approche de la nuit, lorsque plusieurs animaux, tels que les lièvres, les lapins et les perdrix sortent pour chercher leur nourriture, il commence à devenir actif, et ses déprédations sont étonnantes. A la faveur des ténèbres il vient dans les fermes, et pénètre dans les colombiers, où il commet d'affreux ravages. Il détruit aussi une quantité prodigieuse de souris. Il se jette sur sa proie avec férocité, et commençant par la tête, il la met en pièces avec violence.

M. Bingley, dans son ouvrage intéressant sur la Biographie des animaux, dit qu'en examinant un nid de ces oiseaux, dans lequel il y avait deux petits, on y trouva plusieurs morceaux de jeunes lapins, de levrauts et d'autres petits animaux. On prit la femelle et un petit, on laissa l'autre pour tromper le mâle qui était absent. Le lendemain matin on trouva dans le nid trois jeunes lapins qu'il avait apportés pendant la nuit.

Ces hiboux sont quelquefois hardis et même furieux quand il s'agit de défendre leur petits, comme le prouve l'anecdote suivante racontée dans le trente-cinquième volume du Magasin du Gentilhomme : Un charpentier, passant à travers un champs dans le voisinage de Glocester, fut tout-à-coup attaqué par un hibou qui avait son nid près du chemin : il se jeta sur sa tête; l'homme voulut le frapper d'un outil qu'il avait à la main, mais il manqua son coup; l'oiseau furieux l'attaqua de nouveau, et attachant ses ongles sur son visage, le lui déchira d'une manière affreuse.

Ces animaux gonflent leur gorge de la grosseur d'un œuf de poule, lorsqu'ils font entendre leur cri, qui est très-désagréable. Ils font leur nid dans des arbres creux ou des ruines de bâtimens. Ils pondent ordinairement quatre œufs d'une couleur blanchâtre. On les prend souvent dans des piéges; et si quelqu'un peut imiter le cri d'une souris, il est facile de les attirer le soir, et de les tuer.

Dans quelques pays, le peuple a la superstition de regarder les hibous comme des oiseaux de mauvais augure et messagers du malheur. Cependant, parmi les anciens, les Athéniens, n'adoptèrent pas ce préjugé, et le hibou, très-commun dans plusieurs parties de la Grèce, fut honoré comme l'oiseau favori de Minerve. On sait que, Agathoclas, voulant exciter le courage de ses soldats, laissa aller parmi eux une quantité de hiboux, dont il avait fait secrètement provision dans ce dessein, parce que ces animaux étaient regardés comme d'un très-bon augure par ses troupes.

L'EFFRAIE ou FRÉSAIE.

CETTE chouette est à peu près de la grosseur du chat-huant, mais son plumage est beaucoup plus élégant; le dessus du corps est jaune, taché de points blancs, et le dessous du corps blanc; les yeux sont environnés d'un cercle de plumes blanches et si fines qu'on les prendrait pour du poil; les pieds sont couverts de duvet blanc, et les ongles noirâtres. Elle habite les toits des églises, les vieilles masures, les bâtimens ruinés, et n'en sort que la nuit pour aller chercher sa nourriture. En volant elle fait entendre des cris si aigres et si lugubres, qu'elle en a reçue le nom d'effraie; car ils sont en effet bien capables de causer de la terreur.

Comme les autres oiseaux de cette espèce, cette chouette, après avoir dévoré sa proie, vomit le poil, les os et les plumes en pelottes arrondies. Il n'est pas inutile de remarquer qu'elle a une antipathie insurmontable pour les musaraignes, et que, quoiqu'elle en tue souvent; elle n'en mange jamais. Un gentilhomme de Cornouaille découvrit par hasard une autre antipathie de ces chouettes; il offrit à une effraie apprivoisée un morceau de foie de cochon fraîchement tué; mais rien ne peut exprimer l'air dédaigneux avec lequel l'oiseau rejeta ce morceau de viande.

Les femelles ne font point de nid; elles déposent leurs œufs, au nombre de cinq ou six, dans des trous de murailles, ou sur des solives sous les toits de bâtimens abandonnés. Le mâle et la femelle sortent alternativement pour chercher la nourriture des petits lorsqu'ils sont éclos. Leur absence ne dure guère que cinq minutes. Comme les petits restent fort long-temps dans le nid, et que le père et la mère se chargent toujours de les nourrir, lors même qu'ils peuvent voler, ils les approvisionnent d'une énorme quantité de souris, et sous ce rapport on peut les regarder comme des animaux utiles, puisqu'ils servent à détruire cette engeance.

Les Chinois et les Tartares Kalmoucks rendent les plus grands honneurs à cet oiseau, qu'ils croient avoir conservé la vie à Gengis-Kan, le fondateur de leur empire. Ce prince, n'ayant qu'une très-petite armée, fut surpris et mis en fuite par ses ennemis; forcé de chercher une retraite, il se sauva dans un taillis épais, et se cacha dans un buisson, sur lequel une chouette vint se poser. Cette circonstance fut cause qu'il échappa à ses ennemis, qui regardaient comme une chose impossible que cet oiseau pût se percher sur un arbre sous lequel un homme aurait été caché. En mémoire de cet événement, les Chinois mirent la chouette au nombre des oiseaux sacrés, et portèrent sur leur tête une de ses plumes. Cette coutume est restée parmi les Kalmoucks, pour leurs jours de cérémonie. Quelques tribus ont même une idole de la forme d'une chouette à laquelle ils adaptent de véritables pieds de cet oiseau.

LE GRAND DUC.

Cette espèce est presque égale en grosseur à quelques aigles ; le corps est d'un roux brun, taché de noir et de jaune sur le dos, et de jaune sur le ventre ; les ailes sont longues, la queue courte et marquée de bandes brunes irrégulières ; les jambes sont couvertes d'un duvet épais et de plumes roussâtres jusqu'aux ongles, qui sont noirs, forts et très crochus.

Ces oiseaux habitent des rochers inaccessibles et des lieux déserts ; on les trouve dans plusieurs parties de l'Europe, de l'Asie et de l'Amérique, mais rarement dans la Grande-Bretagne. Ils supportent plus aisément la lumière du jour que les autres oiseaux de nuit ; on en a vu souvent faire la chasse en plein midi aux oiseaux et à de petits quadrupèdes.

M. Cronstedt, dans les Annales de la Société philosophique de Stokholm, raconte un joli trait qui prouve l'attachement que ces oiseaux ont pour leurs petits. Ce gentilhomme demeura plusieurs année en Sudermanie, dans une ferme située au pied d'une montagne, au sommet de laquelle deux grands ducs avaient fait leur nid. Un jour du mois de juillet, un des petits ayant quitté le nid, fut pris par un des domestiques de la ferme ; on le mit dans un grand poulailler. Le lendemain matin, M. Cronstedt trouva devant la porte du poulailler, un perdreau tué, l'idée lui vint qu'il avait été apporté par les parens du petit hibou, qui, l'ayant probablement cherché toute la nuit, avaient été attirés par ses cris à l'endroit où il était enfermé. La même attention ayant été répétée quatorze nuits de suite, confirma son opinion. Le gibier que ces oiseaux apportaient consistait principalement en perdreaux fraîchement tués. Un jour on en trouva un qui était encore chaud. On ne vit qu'une fois un petit agneau qui commençait à se gâter, mais il est probable qu'il fut apporté faute de mieux. M. Cronstedt et son domestique veillèrent plusieurs nuits à une fenêtre pour tâcher de découvrir le moment où ces oiseaux déposaient leurs provisions ; mais ils ne purent y réussir : il paraît que ces animaux, dont la vue est perçante, guettaient l'instant où personne n'était à la fenêtre.

Les hiboux cessèrent leurs soins au mois d'août ; mais c'est l'époque à laquelle tous les oiseaux de proie laissent leurs petits se pourvoir d'eux-mêmes. On peut facilement présumer d'après cet exemple, combien une seule paire de ces oiseaux peut détruire de gibier, pendant le temps où ils élèvent leurs petits.

On se sert du duc dans la fauconnerie pour attirer le milan ; on lui attache une queue de renard, pour rendre sa figure encore plus extraordinaire : il vole à fleur de terre, et se pose dans la campagne, sans se percher sur aucun arbre ; le milan, qui l'aperçoit de loin, arrive et s'approche du duc, non pas pour le combattre ou l'attaquer, mais comme pour l'admirer, et il se tient auprès de lui assez long-temps pour se laisser tirer par le chasseur, ou prendre par les oiseaux de proie qu'on lâche à sa poursuite.

La ménagerie du jardin du Roi, à Paris, possède plusieurs chouettes et hibous du nouveau monde.

LE CORBEAU.

Le corbeau est un oiseau fort et grand, qui a quelquefois deux pieds de long depuis le bec jusqu'à l'extrémité de la queue ; le corps est noir, mêlé de bleu, surtout sur les ailes et la queue ; le ventre est brun, le bec fort, dur et crochu à la partie supérieure, les pieds sont armés d'ongles noirs et crochus.

Cette espèce est répandue dans toutes les parties du monde. Insensible aux variations du temps, naturellement fort et intrépide, le corbeau brave la rigueur des saisons; et, tandis que les autres oiseaux sont engourdis par le froid, ou affaiblis par la faim, actif et vigoureux, il ne songe qu'aux moyens de se saisir de sa proie.

Les corbeaux fréquentent les environs des grandes villes, où ils se rendent utiles en dévorant les charognes et autres immondices, qu'ils découvrent de très-loin par l'odorat. Ils ont l'adresse de se tenir toujours assez éloignés pour qu'on ne puisse pas tirer sur eux.

Pris dans le nid, et élevé avec soin, le corbeau devient très-familier, et possède plusieurs qualités qui le rendent extrêmement amusant : actif, curieux et téméraire, il se trouve partout, attaque et chasse les chiens, badine et fait des niches à la volaille; surtout il a grand soin de cultiver l'amitié de la cuisinière, qui, de toute la famille, est la personne qu'il chérit le plus. Mais, sous ces dehors amusans, il cache beaucoup de vices et de défauts : il est naturellement vorace, et filou par habitude : il ne se contente pas de dérober au garde-manger ou à l'office de quoi satisfaire sa gourmandise; il vise à des vols plus magnifiques, dont il ne retire d'autre jouissance que d'aller de temps en temps les contempler en secret : lorsqu'il peut trouver l'occasion de dérober une pièce de monnaie, une bague ou une cuiller d'argent, il s'en empare avec adresse, et les porte à son trou favori. Le sommelier d'un gentilhomme, trouvant plusieurs cuillers de moins dans son argenterie, et ne sachant à qui attribuer ce vol, aperçut à la fin un corbeau habitué de la maison, qui en emportait une dans son bec; il le guetta, et en trouva plus d'une douzaine dans son creux.

Ces oiseaux sont très-nuisibles aux terres cultivées; cependant on a pour eux une sorte de respect populaire, parce que le prophête Élie fut nourri dans le désert par l'un d'eux. Cette prévention en faveur du corbeau est d'ancienne date, puisque les Romains eux-mêmes le considéraient comme étant d'une grande importance dans les augures, et que la crainte les portait à l'honorer.

Pline dit qu'un corbeau, qui avait été gardé dans le temple de Castor, s'échappa, et se réfugia dans la boutique d'un tailleur, qui fut enchanté de sa visite. Il lui enseigna plusieurs choses, mais particulièrement à prononcer les noms de l'empereur Tibère et ceux de toute la famille royale. Le tailleur commençait à faire fortune par la générosité de ceux qui venaient voir son merveilleux oiseau, quand un voisin, envieux de son bonheur, tua l'oiseau, et avec lui anéantit les espérances de son maître; les Romains crurent nécessaire de prendre le parti de ce dernier : ils punirent celui qui l'avait offensé , et firent à l'oiseau mort des funérailles magnifiques.

La femelle bâtit son nid au commencement du printemps , sur des arbres ou dans des creux de rochers. Elle pond jusqu'à cinq ou six œufs , d'un vert pâle et bleuâtre , marquetés de taches brunes. Elle les couvre environ vingt jours , et pendant ce temps non-seulement le mâle a soin de pourvoir à sa nourriture ; mais lorsqu'elle quitte le nid , il prend sa place.

L'anecdote suivaute , racontée par M. White illustre la constance avec laquelle les corbeaux couvent leurs petits : « Au milieu d'un bosquet , près de Selborne , était un chêne très-haut , qu'une paire de corbeaux préféraient depuis tant d'années pour faire leur nid , que l'arbre en avait pris le titre d'*arbre au corbeau*. En vain tous les petits garçons des environs s'efforçaient-ils d'arriver jusqu'au nid des oiseaux , le tronc de l'arbre , considérablement grossi au milieu par une forte excroissance , les empêchait d'y parvenir. Aussi, les oiseaux bâtissaient nid sur nid dans la plus parfaite sécurité. Enfin, le jour fatal arriva, l'arbre fut désigné pour être coupé. C'était dans le mois de février , temps auquel les corbeaux commencent à couver : le bois retentit des coups pesans de la hache et du marteau, l'arbre est prêt à succomber ; cependant la courageuse mère n'abandonne point son nid : elle en est précipitée si violemment, que, quoique son amour maternel eût mérité un meilleur sort, elle tomba sans vie sur la terre. »

Dans l'état sauvage, la nourriture habituelle du corbeau consiste principalement en petits animaux ; il détruit surtout les lapins, les canards, les poulets, et même les agneaux, lorsqu'ils sont petits et faibles. Dans les pays du nord, il chasse de concert avec l'ours blanc, le renard et l'aigle ; il se nourrit aussi de poissons et d'œufs d'oiseaux. Quelques écrivains ont assuré qu'il pouvait être élevé pour la chasse comme le faucon. Les habitans du Groënland mangent sa chair, et se servent de sa peau pour faire de mauvais vêtemens, et des lignes pour pêcher.

L'odorat des corbeaux est extraordinairement fin. A la baie d'Hudson, dans un des jours les plus rigoureux de l'hiver, lorsque le froid détruit presque toute odeur, on avait jeté des buffles et d'autres animaux morts dans un endroit où l'on n'apercevait pas un de ces oiseaux ; mais au bout de quelques heures, on en vit accourir des vingtaines qui dévorèrent toutes ces charognes.

M. Le Vaillant a trouvé une variété de corbeaux dans la baie de Saldanha, au cap de Bonne-Espérance : ils diffèrent de ceux que nous connaissons, en ce qu'ils sont plus grands, et que leur bec est beaucoup plus crochu : ils vont par troupes, attaquent et tuent les jeunes gazelles.

LA CORBINE ou CORNEILLE NOIRE.

La corbine est beaucoup plus petite que le corbeau ; mais elle lui ressemble parfaitement pour la couleur, l'extérieur, et quelques-unes de ses habitudes. Ces oiseaux vivent par paires dans les bois ; la femelle y bâtit son nid sur les arbres ; elle pond cinq ou six œufs semblables à ceux du corbeau, et son mâle a pour elle les mêmes soins lorsqu'elle couve. Les corneilles noires se nourrissent de viande gâtée de toute espèce, de vers, d'insectes et de plusieurs sortes de grains. Elles causent de grands dégâts dans les garennes, où elles tuent et dévorent les jeunes lapins. Les poulets et les canards deviennent souvent leurs victimes. Elles ont l'odorat si fin, qu'on prétend qu'ils sentent la poudre à canon à une distance considérable, et qu'il est extrêmement difficile de les tuer.

Cet oiseau est si hardi, lorsqu'il a des petits, que le milan, le busard, ni le corbeau, ne peuvent approcher de son nid sans qu'il les attaque et les chasse; il insulte jusqu'au faucon pélegrin, et en est souvent vainqueur.

Sur la côte du nord de l'Irlande, un ami de M. Darwin a vu plus d'une centaine de ces oiseaux prendre chacun une moule dans son bec, la laisser tomber de très-haut sur des pierres pour ouvrir la coquille et manger le poisson.

Dans quelques parties de l'orient, ces oiseaux sont si familiers, ou plutôt si audacieux, qu'ils entrent jusque dans les maisons des Européens, et déroberaient la viande dans des plats pendant que les domestiques les portent sur la table, si on ne les chassait à coups de bâton.

Ils sont en grand nombre dans l'Amérique septentrionale, où ils détruisent le maïs nouvellement semé, en le tirant de terre avec leur bec pour le manger. Ils ne sont pas moins nuisibles lorsqu'il est mûr, parce qu'ils percent les feuilles qui entourent l'épi, et l'exposent ainsi à être gâté par la pluie. Les habitans de New-Jersey et de la Pensylvanie accordèrent une récompense pour ceux qui détruiraient ces oiseaux : mais on révoqua bientôt cet ordre, parce qu'il entraînait à trop de dépense.

M. Pennant raconte que, sous le règne de Henri VIII, le nombre des corbines devint si

considérable, et leurs dégâts furent si affreux,
que le parlement ordonna qu'on les détruisît,
ainsi que les freux et les choucas. On croit cependant, malgré ces précautions, que ces oiseaux
sont plus communs en Angleterre qu'en aucune
autre partie de l'Europe. Ils sont si rares en Suède,
que Linnée dit qu'il n'a vu tuer qu'une corbine
dans ce pays.

La manière dont on prend ces oiseaux dans
quelques pays, est singulière et curieuse. Il faut
avoir une corbine vivante qu'on attache solidement contre terre, les pieds en haut; par le moyen
de deux crochets qui saisissent de chaque côté
l'origine des ailes : dans cette situation pénible,
elle ne cesse de s'agiter et de crier ; les autres corbines ne manquent pas d'accourir de toutes parts
à sa voix, comme pour lui donner du secours ;
mais la prisonnière, cherchant à s'accrocher à
tout pour se tirer d'embarras, saisit avec le bec et
les griffes, qu'on lui a laissés libres, toutes celles
qui s'approchent, et les livre ainsi à l'oiseleur. On
les prend aussi avec des cornets de papier, appâtés
de viande crue : lorsque la corneille introduit sa
tête pour saisir l'appât qui est au fond, les bords
du cornet, qu'on a eu la précaution d'engluer,
s'attachent aux plumes de son cou; elle en demeure coiffée, et ne pouvant se débarrasser de cet

incommode bandeau qui lui couvre entièrement les yeux, elle prend l'essor et s'élève en l'air presque perpendiculairement (direction la plus avantageuse pour éviter les chocs), jusqu'à ce qu'ayant épuisé ses forces, elle retombe de lassitude, et toujours fort près de l'endroit d'où elle était partie.

Lorsqu'on met une corbine dans une cage, et qu'on l'expose dans les champs, ses cris attirent à elle toutes celles des environs : c'est le moyen qu'emploient les chasseurs pour pouvoir les tuer ; car leur attention est tellement absorbée par la pitié que leur inspire leur compagne, qu'elles oublient leur prudence ordinaire, et laissent le temps aux chasseurs de s'approcher.

Ces oiseaux sont quelquefois noirs et blancs ; on en voit un maintenant dans la ménagerie d'Exeter-Change, qui est tout-à-fait blanc. On l'a trouvé dans un nid de corneille ordinaire. Il a été présenté à M. Pidcock, qui le possède depuis seize ans.

LE FREUX ou FRAYONNE.

Le freux est un peu plus gros que la corbine; mais son plumage est plus brillant. Les narines et la base du bec sont nues, au lieu que dans la corbine elles sont couvertes de plumes noires. On dit qu'il n'a pas de jabot, mais une espèce de poche sous le bec, qui s'agrandit, et dans laquelle il dépose la nourriture de ses petits.

Ces oiseaux causent quelque dommage aux fermiers, en mangeant leurs grains; mais ce mal est compensé par le service qu'ils leur rendent, en détruisant les hannetons et les scarabées qui rongent les racines des plantes utiles. Un fermier intelligent remarque que, tandis que ses garçons semaient des navets dans un champ, un grand nombre de freux s'arrêtèrent du côté où ils ne travaillaient pas, et purgèrent la terre des vers dont elle était remplie; la récolte fut très-belle dans cette partie du champ, et il n'y eut presque rien dans l'autre.

Les freux vont par troupes, et quelquefois si nombreuses que l'air en paraît obscurci. Ils habitent les bois qui avoisinent des villes, et souvent choisissent une retraite au milieu de la ville même: ils établissent une sorte de constitution qui en interdit l'entrée aux étrangers, et ne permettent qu'à ceux qui sont nés dans leur enceinte d'y demeurer avec eux. « Je me suis souvent amusé, dit un célèbre auteur, à observer leur plan de police : ma fenêtre donnait sur un bosquet où ils avaient fondé une colonie au milieu de la ville. A l'entrée du printemps, leur retraite, qui avait été déserte pendant l'hiver, ou seulement gardée par cinq ou six, commençait à devenir fréquentée et bruyante. Il est difficile de savoir où ils vont pendant l'hiver, mais au printemps ils reviennent établir un nid à l'endroit où ils sont nés ; ceux des vieux leur servent plusieurs années. Il arrive souvent que le jeune couple a fait choix d'un lieu trop près de celui où réside une vieille paire, qui ne se soucie pas d'être incommodée par des voisins. Une querelle s'engage, et les vieux sont presque toujours victorieux.

« Le jeune couple, ainsi expulsé, au lieu de se donner la peine d'y reconstruire un autre nid, est forcé d'aller se placer à une certaine distance, où il construit de nouveau son nid. Leur industrie est digne d'éloge. Leur joie est grande d'abord ; mais bientôt ils se fatiguent d'aller chercher au loin des matériaux ; et s'ils en découvrent de plus près, quoiqu'ils ne leur appartiennent pas, ils tâchent d'en voler autant qu'il leur est possible. S'ils trouvent un nid tout fait, non occupé, ils l'emportent; mais ces vols ne restent jamais impunis. J'ai vu huit ou dix freux venir, dans ces occasions, se jeter tous à la fois sur le nid dérobé, et le mettre en pièces.

« Les jeunes oiseaux, sentant la nécessité de travailler avec zèle et probité, font en trois ou quatre jours un nid commode, composé de petites branches, de racines souples, et garni en dedans d'herbe et de mousse. La femelle s'établit sur-le-champ, et de ce moment-là les anciens du bosquet la traitent avec la plus grande douceur.

« Aussitôt que la femelle est dans le nid, le mâle lui apporte sa nourriture; elle la reçoit avec une tendre reconnaissance, et en battant des ailes comme font les petits lorsqu'on leur rend le même service. Le mâle continue ces soins affectueux tout le temps de l'incubation. Aussitôt que la première couvée est en état de voler, ils quittent tous leur nid dans le jour, vont chercher au loin leur nourriture; mais le soir ils reviennent régulièrement à leur arbre favori, pour y passer la nuit. Leur arrivée s'annonce toujours par des cris et des clameurs. »

L'anecdote suivante pourra donner une idée de la dureté avec laquelle ces oiseaux refusent l'hospitalité aux étrangers.

En 1783, une paire de freux, après avoir inuti-
lement essayé de s'établir parmi une colonie qui
avait pris possession d'un petit bois situé près de
la Bourse à Newcastle, fut forcée d'abandonner
entièrement ce projet, et de se réfugier sur le toit
de ce bâtiment : quoiqu'ils fussent interrompus
par les autres freux, ces oiseaux bâtirent leur nid
sur le sommet de la girouette, et parvinrent à élever leurs petits, malgré le bruit que faisait la populace au-dessous d'eux, et les mouvemens presque
continuels du nid, qui suivait ceux de la girouette.
Ils revinrent tous les ans couver au même endroit
jusqu'en 1793, époque à laquelle on jeta la girouette à bas. L'aventure de ces oiseaux intéressa
tellement, qu'on fit une petite gravure qui repré-
sentait le nid posé sur cette girouette. Tout le
monde voulut l'avoir, et le graveur en retira une
somme assez considérable.

M. Hutchinson raconte un événement remarquable au sujet de ces oiseaux, et qui eut lieu dans
une terre située en West-Moreland. Il y avait
deux bosquets attenans au parc, dont l'un servait
de retraite à des hérons qui y venaient couver
tous les ans ; l'autre était occupé par un nombre
infini de freux. Ces deux établissemens furent paisibles pendant très-long-temps. Enfin au printemps
de 1775 on fit une coupe d'arbres dans le bos-

quet des hérons, et tous les petits y périrent. Les parens ne voulant pas abandonner ce lieu, essayèrent de s'établir parmi les freux : ceux-ci firent résistance. Après un combat opiniâtre, dans lequel il périt *beaucoup d'individus* de part et d'autre, les hérons demeurèrent possesseurs de quelques arbres, où ils bâtirent leur nid sur de nouveaux frais. Le printemps suivant, nouvelle querelle, nouvelle lutte, nouvelle victoire des hérons. Depuis ce moment la paix parut se rétablir entre eux, et ils vécurent dans une aussi bonne intelligence qu'avant la dispute.

Le docteur Percival, dans ses Dissertations, rapporte une anecdote intéressante sur les freux : « Une société nombreuse de freux, dit-il, habitait depuis plusieurs années un bosquet situé sur les bords de la rivière d'Irwel, près de Manchester. Un soir je m'étais placé vis-à-vis, et je regardais attentivement les différens travaux et les divertissemens de ces animaux : les plus paresseux ou les plus jeunes s'amusaient à se poursuivre, en se pressant les uns sur les autres, et dans leur vol ils faisaient retentir l'air de mille acclamations bruyantes. Au milieu des jeux, l'un des freux attrapa malheureusement l'aile d'un autre avec son bec ; le coup avait été brusque et violent ; le blessé tomba dans la rivière. Un cri général de

douleur se fit entendre. Tous les oiseaux se pen-
chèrent vers leur malheureux compagnon, avec
l'expression de l'inquiétude la plus tendre : peut-
être entendit-il le conseil qu'ils lui donnèrent sans
doute dans leur langage, car il se ranima, et,
faisant un effort, il atteignit la pointe d'un rocher.
La joie fut alors universelle : mais, hélas ! elle fit
bientôt place à la consternation ; car le pauvre
oiseau blessé, en essayant de voler vers son nid,
retomba dans la rivière, et s'y noya, malgré les cris
et les regrets de tous ses frères. »

On a remarqué une antipathie singulière entre
les freux et les corbeaux. M. Markervick a vu
dans l'année 1778 un corbeau qui avait bâti son
nid auprès d'une habitation de freux : ces derniers
abandonnèrent à l'instant la place, et n'y revinrent
jamais. A la vérité cette haine peut se concevoir,
si l'on pense que le corbeau ne laisse aucun oiseau
approcher de son nid sans lui faire une guerre affreuse, et qu'il dérobe souvent les jeunes freux
pour nourrir ses petits.

M. Pennant remarque que les femelles des freux
commencent à couver au mois de mars, et que lorsque leurs petits sont élevé, elles quittent les arbres où sont placés leurs nids, mais qu'elles y
reviennent toujours au mois d'août.

Dans ces parties du Hampshire qui touchent à la

New-Forest, lorsque les freux ont élevé leurs petits, ils se retirent tous les soirs, pendant l'automne et l'hiver, dans les lieux les plus touffus de la forêt, après avoir passé toute la journée dans les champs pour chercher leur nourriture. Quoiqu'ils habitent la forêt l'hiver; ils vont chaque jour faire un tour à leur demeure du printemps.

Le docteur Darwin a remarqué que les freux craignent beaucoup plus les hommes que les autres espèces d'oiseaux. Ils savent très-bien distinguer lorsqu'un homme est armé ou non. Si une personne armée d'un fusil passe sous l'arbre où ils sont établis, ils font retirer leurs petits dans le fond du nid, pour qu'on ne les aperçoive pas. C'est de là que les paysans présument que ces oiseaux sentent la poudre à canon de fort loin.

M. Latham dit que les freux passent l'année entière en Angleterre, mais qu'en France et en Silésie ils sont oiseaux de passage. Il est singulier, ajoute-t-il, qu'il n'y en ait pas un dans l'île de Jersey, puisqu'ils passent dessus de temps en temps pour aller en France.

LE CHOUCAS.

Cet oiseau est considérablement plus petit que le freux; il n'a pas plus de douze ou quatorze pouces de longueur. Les yeux sont blancs, le bec noir, le derrière de la tête et du cou d'un gris foncé; le reste du plumage, noir dessus et brun dessous. En Suisse il y a une variété de cette espèce qui a autour du cou un collier blanc. En Norwège, et dans plusieurs autres pays froids, on voit quelques-uns de ces oiseaux entièrement blancs. Les choucas sont très-communs en Angleterre; mais ils n'y sont pas oiseaux de passage comme en France, en Allemagne et dans d'autres parties du continent.

Ils s'assemblent en troupes pour bâtir leur nid dans des clochers, de vieilles tours, des bâtimens ruinés, et quelquefois dans des arbres creux. Ils se joignent souvent aux freux dans leurs parties de pillage. Dans quelques endroits du Hampshire, la rareté des tours et des clochers oblige ces oiseaux à faire leur nid sous terre, dans les creux formés par les lapins. Dans l'île d'Ely, où il n'y a pas de bâtimens ruinés, ils font leur nid dans les cheminées. Un jour qu'on alluma du feu dans une cheminée dont on ne s'était pas servi depuis long-temps, les matériaux d'un nid de choucas qui y était placé s'enflammèrent, et il y en avait une si grande quantité qu'on eut beaucoup de peine à empêcher la maison de brûler entièrement. La femelle pond cinq ou six œufs plus petits que ceux de la corneille, et d'un vert pâle.

La principale nourriture des choucas consiste en vers et en insectes. M. Bingley en a vu cependant un chercher dans l'eau de petits poissons, et les manger.

On prive ces oiseaux facilement, et on leur apprend même à prononcer quelques mots : ils semblent se plaire dans l'état de domesticité ; mais ce sont des domestiques infidèles, qui, cachant la nourriture superflue qu'ils ne peuvent consommer, et emportant des pièces de monnaie et des bijoux qui ne leur sont d'aucun usage, appauvrissent le maître sans s'enrichir eux-mêmes.

LE GEAI.

La beauté du plumage de cet oiseau, et surtout la marque bleue, ou plutôt émaillée de différentes nuances de bleu, dont chacune de ses ailes est ornée, suffisent pour le faire distinguer de presque tous les oiseaux d'Europe. Il a de plus sur le front un toupet de petites plumes noires, bleues et blanches : en général toutes ses plumes sont singulièrement douces et soyeuses au toucher; et il sait, en relevant celles de la tête, se faire une huppe, qu'il rabaisse à son gré. Son cri est extrêmement dur et désagréable.

Les geais nichent dans les bois, et loin des lieux habités, préférant les chênes les plus touffus, et ceux dont le tronc est entouré de lierre ; leurs nids sont grossièrement construits ; ce sont des demi-sphères creuses, formées de petites racines entrelacées, ouvertes par-dessus, sans matelas au dedans, sans défense au dehors. Ils pondent cinq ou six œufs d'un gris plus ou moins verdâtre, avec de petites taches faiblement marquées. Les petits suivent leurs père et mère jusqu'au printemps de l'année suivante, temps où ils se quittent pour se réunir deux à deux, et former de nouvelles familles. Lorsque les parens engagent les petits à les suivre en volant, ils font un cri semblable au miaulement d'un chat.

Dans l'état de domesticité, le geai devient très-familier; il répète et imite très-bien différens bruits. L'un d'eux imitait si exactement le son que rend le frottement d'une scie, qu'on croyait toujours entendre un charpentier travailler dans la maison.

Un geai, élevé dans une maison au nord de l'Angleterre, avait appris, à la rentrée du bétail, à faire courir le chien au-devant du troupeau, en sifflant, et en l'appelant par son nom. Un jour d'hiver que la gelée était très-forte, le chien, excité par le geai, courut, et poursuivit une vache pleine; la pauvre bête tomba sur la glace, et se blessa grièvement. On accusa le geai d'avoir causé ce malheur, et l'on força la personne à qui il appartenait de le tuer.

Ces oiseaux se nourrissent en grande partie de glands, de noix, de graines et de fruits de toute espèce. En été, ils sont très-nuisibles aux jardins, où ils détruisent les pois, les cerises et les groseilles.

LA PIE.

La pie a la queue longue et les ailes courtes ; sa poitrine, quelques plumes de ses ailes et chaque côté du corps sont blancs : le reste du plumage est noir, nuancé de vert, de pourpre et de violet ; ce qui, joint au lustre et à l'éclat de ses plumes, en fait un très-bel oiseau ; mais sa beauté est ternie par ses mauvaises qualités. Turbulent, criard et querelleur, cet oiseau se rend toujours importun, et ne néglige jamais l'occasion de dérober quelque chose.

La pie ressemble, à certains égards, à l'écorcheur. Comme lui, elle a le bec crochu, les ailes courtes, les plumes du milieu de la queue plus longues que les latérales. Elle se nourrit aussi, non-seulement de vers et d'insectes, mais de tous les petits oiseaux qu'elle peut trouver. Une alouette blessée, un poulet séparé de sa mère, deviennent sa proie sans difficulté ; elle a quelquefois la hardiesse d'attaquer une grive ou un merle ; elle pousse même l'audace jusqu'à insulter les animaux les plus forts, lorsqu'elle n'y voit point de danger. On en a vu souvent monter sur le dos des bœufs ou des brebis pour y chercher les insectes qui sont cachés sous le poil ; elle les tourmente beaucoup en même temps, et les pauvres animaux ont beau tourner la tête pour se délivrer de son importunité, elle leur échappe toujours.

La pie s'empare des œufs qu'elle peut trouver en l'absence des oiseaux, et quelquefois elle attaque les parens et les petits, elle fait souvent la guerre aux merles et aux grives, ce qui paraît expliquer pourquoi ces deux espèces sont si peu nombreuses.

La pie se nourrit de charognes, de toutes sortes de grains, de fruits et d'œufs d'oiseaux ; mais elle est douée d'une prévoyance rare parmi les animaux voraces : elle garde le superflu de sa nourriture pour une autre occasion ; même dans l'état de domesticité, elle cache une partie de ce qu'on lui donne à manger, pour le dévorer peu de temps après avec une gourmandise et un appétit toujours nouveaux.

Dans toutes ses actions la pie montre un instinct supérieur aux autres oiseaux. Son intelligence et son adresse brillent surtout dans la manière dont elle construit son nid : soit qu'elle sache que plusieurs oiseaux de rapine sont fort avides de ses œufs et de ses petits, soit que quelques-uns d'entre eux sont avec elle dans le cas de la représaille, elle multiplie les précautions en raison de sa tendresse et des dangers de ce qu'elle aime ; elle place son nid au haut des plus grands arbres, ou du moins sur de hauts buissons, et n'oublie rien pour le rendre solide et sûr : aidée de son mâle, elle le fortifie extérieurement avec des bûchettes flexibles et du mortier de terre gâchée, et elle le recouvre en entier d'une enveloppe à claire-voie, d'une espèce d'abatis de petites branches épineuses et bien entrelacées ; elle n'y laisse d'ouverture que dans le côté le mieux défendu, le moins accessible ; et seulement ce qu'il en faut pour qu'elle puisse entrer et sortir. Sa prévoyance industrieuse ne se borne pas à la sûreté, elle s'étend encore à la commodité ; car elle garnit le fond du nid d'une espèce de matelas orbiculaire, pour que ses petits soient plus mollement et plus chaudement, et quoique ce matelas, qui est le nid véritable, n'ait qu'environ six pouces de diamètre, sa masse entière, en y comprenant les ouvrages extérieures et l'enveloppe épineuse, a au moins deux pieds en tous sens. La pie pond six on sept œufs d'un vert bleu-pâle, tacheté de brun.

Dans l'état de domesticité, la pie conserve son caractère, ses habitudes et ses mauvaises inclinations ; mais elle est si rusée, qu'elle montre plus de docilité qu'aucun autre oiseau. Elle apprend facilement à prononcer très-distinctement,

non-seulement des mots, mais des phrases entières; elle imite aussi les différens bruits qu'elle
entend. Plutarque raconte qu'un barbier de Rome
avait une pie qui possédait le talent de l'imitation
à un degré surprenant : quelques trompettes
s'étant fait entendre un jour devant la boutique,
la pie les écouta attentivement, et demeura muette
et pensive pendant deux jours. Tout le monde en
fut surpris, et on imagina que le son des trompettes avait altéré ses organes au point de la priver
de la voix; cependant le troisième jour on vit que
son silence avait été causé par le soin qu'elle avait
mis à étudier ce qu'elle avait entendu; car elle
imita parfaitement le son des trompettes et l'air
qu'elles avaient exécuté; mais cette nouvelle leçon
lui fit oublier tout ce qu'elle avait appris auparavant.

Avant la révolution, on célébrait annuellement
dans l'église Saint-Jean, à Paris, une messe qu'on
nommait la *messe de la Pie*, et dont voici la
cause de la fondation. Un de ces oiseaux avait
dérobé à diverses reprises des couverts d'argent
dans une cuisine où elle pénétrait par la fenêtre
lorsqu'il ne s'y trouvait personne. Le bourgeois
accusa sa servante, porta sa plainte et la livra à
la justice. Il existait alors une coutume funeste,
que le sensible et infortuné Louis XVI s'empressa

d'abolir en montant sur le trône : on torturait un accusé pour lui faire avouer son crime ; et quelquefois la force des tourmens arrachait un aveu mensonger de la bouche d'un innocent. C'est ce qui arriva cette fois , et la malheureuse servante fut condamnée à mort. Les cuillers et fourchettes se retrouvèrent six mois après sur un vieux toit derrière un amas de tuiles , où la pie les avait cachées , et où elle en portait encore d'autres. Le bourgeois désespéré , fonda cette messe annuelle , pieuse réhabilitation d'une victime innocente.

Le nommé Léger qui assassina la petite Aimée-Constance de Bully , âgée de douze ans et demi , (le 10 août 1824), dans les bois qui dominent le hameau de Montmiraut , près Laferté-Aleps , en donnant lui-même les détails de cette criminelle action où il fut poussé, a-t-il dit , par l'esprit du démon, ajoutait : « Il y avait des oiseaux » qui croassaient après moi , des pies que je croyais » être là pour me faire prendre... » La nuit , dans sa prison , il rêvait que ces témoins le poursuivaient sans cesse ; et la justice dut ses révélations , à la terreur que lui inspiraient les cris, toujours retentissant à ses oreilles , de ces oiseaux accusateurs.

LE GEAI BRUN DU CANADA.

Cet oiseau est si petit qu'il pèse rarement plus de trois onces ; son plumage est gris brun ; ses plumes sont très-longues , douces , soyeuses , et presque toutes si fines qu'elles ressemblent à du poil.

Cet oiseau est très-familier ; il entre souvent dans les maisons ou les tentes ; il aime tant à voler qu'il n'y a aucune espèce de provisions fraîches ou salées qui soient à l'abri de sa rapine. Il a l'audace de venir se percher sur un chaudron, tandis qu'il est sur le feu, et dérober les mets qui sont dans les plats.

Il est très-importun aux chasseurs anglais et indiens ; il les suit toute la journée, se perche sur un arbre pendant qu'ils dressent leurs piéges, et il ne les voit pas plutôt éloignés qu'il descend et va manger l'appât qu'ils ont mis dans les trappes. Ces oiseaux vivent cependant en grande partie de fruits, de mousse, et de vers. On les apprivoise facilement, mais ils ne vivent pas long-temps dans la captivité ; ils regrettent toujours leur liberté, et ne font que languir depuis le moment où on les

en a privés. Cet oiseau est une espèce de moqueur ;
il a comme celui-ci plusieurs ramages.

Le soin qu'il prend dans l'été de se conserver
une provision de fruits pour l'hiver, mérite d'être
remarqué ; cela prouve une prévoyance qui est très-
rare parmi les oiseaux.

La femelle bâtit son nid sur des arbres , exactement de la même manière que le merle et la grive ;
elle pond quatre œufs bleus, mais n'en couve pas
ordinairement plus de trois.

Le geai brun est propre à l'Amérique septentrionale, et se trouve principalement dans les environs
de la baie d'Hudson.

LE CORAICAS.

CETTE espèce n'est pas très-commune dans aucune
partie du monde ; on la trouve dans quelques endroits de l'Afrique et de l'Asie ; on voit aussi , dans
Cornwall et Northwales , plusieurs de ces oiseaux
habiter des rochers et des ruines le long des côtes.
Ils ne restent pas constamment dans leur demeure ;
mais souvent dans le cours de l'année ils s'absen-
tent pour huit ou dix jours.

Le plumage de cet oiseau est très-élégant ; son corps est d'un beau bleu tirant sur le violet ; le bec et les jambes sont d'un jaune brillant. Sa constitution est très-délicate, et il ne peut pas supporter le froid. Actif, inquiet, turbulent, il est dangereux de le laisser dans un endroit où il y a de beaux meubles. Il est attiré par les choses brillantes, et cherche à se les approprier ; on l'a vu même enlever du foyer de la cheminée, des morceaux de bois tout allumés, et mettre ainsi le feu dans la maison. Il cause beaucoup de dommage dans les chaumières, en faisant des trous avec son long bec pour chercher des vers et d'autres insectes ; la pluie pénètre par ces trous, et finit par dégrader l'endroit où elle tombe. Il fait aussi de petits creux dans les murs pour trouver des araignées, des mouches, et d'autres insectes.

Les coraicas ont le vol très-haut, et leur cri en volant est plus aigre que celui des choucas. Lorsque quelque chose les effraie, ils font un cri perçant ; mais quand ils demandent leur nourriture, ou qu'ils caressent les personnes qui les soignent, leur gazouillement est doux et agréable.

Apprivoisés, ils sont dociles et amusans ; ils sont très-réguliers pour leurs repas ; mais quoique familiers avec ceux qu'ils connaissent, ils ne se laissent pas approcher par les étrangers.

La femelle bâtit son nid au milieu des rochers, ou parmi des ruines inaccessibles, elle pond quatre ou cinq œufs, un peu plus gros que ceux du choucas, blancs, tachetés irrégulièrement de brun.

CHAPITRE VI.

LE PERROQUET CENDRÉ.

CETTE espèce, que l'on apporte le plus communément en Europe aujourd'hui, est à peu près de la grosseur d'un petit pigeon. Sa longueur totale est de vingt pouces, tout son corps est d'un beau gris de perle et d'ardoise, plus foncé sur le manteau, plus clair au-dessus du corps, et blanchissant au ventre ; une queue, d'un rouge-vermillon, termine et relève ce plumage lustré, moiré, et comme poudré d'une blancheur qui le rend toujours frais ; l'œil est placé dans une peau blanche, nue, et farineuse, qui couvre la joue; le bec est noir, les pieds sont gris, et les ongles presque noirs. La femelle ne pond jamais plus de deux œufs ; elle les dépose dans le creux d'un arbre. Cet oiseau vient de Guinée et de l'intérieur de l'Afrique ; il est supérieur au grand perroquet par la facilité et la promptitude avec lesquelles il imite la voix de l'homme. Il semble même en avoir le désir ; il le manifeste par son attention à écou-

ter, par l'effort qu'il fait pour répéter ; et cet effort
se réitère à chaque instant, car il gazouille sans
cesse quelques-unes des syllabes qu'il vient d'entendre, et il cherche à prendre le dessus de toutes
les voix qui frappent son oreille, en faisant éclater
la sienne : il semble se faire des tâches et chercher
à retenir sa leçon chaque jour ; il en est occupé
jusque dans le sommeil, et Marcgrave dit qu'il jase
encore en rêvant. Lorsque l'on cultive de bonne
heure sa mémoire, elle devient étonnante. Rhodi-
ginus parle d'un perroquet qui récitait correcte-
ment le symbole des apôtres.

Un gentilhomme avait acheté, à Bristol, un
perroquet de cette espèce, qui répétait un grand
nombre de phrases, et répondait à plusieurs
questions ; il sifflait très-bien plusieurs airs, et
battait la mesure avec une sorte de science ; son
intelligence était si extraordinaire, que, s'il faisait
un faux ton, il se reprenait, recommençait et ne
se trompait plus. — Sa mort fut annoncée de cette
manière dans la Gazette du 9 octobre 1802 : « Le
célèbre perroquet du colonel O'Kelly vient de
mourir, il y a quelques jours, dans Piccadilly,
Halfe moon street. Cet oiseau singulier chantait
parfaitement bien plusieurs chansons. Il demandait
tout ce dont il avait besoin, et donnait ses ordres
assez raisonnablement. On ne sait pas précisément

quel était son âge, mais il y avait déjà plus de trente ans que M. O'Kelly l'avait acheté cent guinées à Bristol. Des personnes qui auraient désiré montrer cet oiseau en public, en offrirent au colonel cent guinées par an; mais il y était trop attaché pour accepter cette offre. L'oiseau a été disséqué par le docteur Kennedy et M. Brooke, et l'on a trouvé les muscles du larynx, qui règlent la voix, considérablement grossis par l'exercice. »

La sœur de M. de Buffon avait un perroquet qui se parlait souvent à lui-même, et semblait croire que quelqu'un lui adressait la parole. On l'a souvent entendu se demander la patte, et il ne manquait jamais de répondre à sa propre question en tendant effectivement la patte. Quoiqu'il aimât fort le son de la voix des enfans, il montrait pour eux beaucoup de haine, il les poursuivait, et s'il pouvait les attrapper, les pinçait jusqu'au sang. Comme il avait des objets d'aversion, il en avait aussi de grand attachement; son goût, à la vérité, n'était pas fort délicat, mais il a toujours été soutenu; il aimait, mais aimait avec fureur la fille de cuisine; il la suivait partout, la cherchait dans les lieux où elle pouvait être, et presque jamais en vain. S'il y avait quelque temps qu'il ne l'eût vue, il grimpait avec le bec et les pattes jusque sur ses épaules, lui faisait mille caresses et ne la quittait

plus, quelque effort qu'elle fît pour s'en débarrasser : l'instant d'après elle le retrouvait sur ses pas ;
son attachement avait toutes les marques de l'amitié la plus sentie. Cette fille eut un mal au doigt
considérable et très-long, douloureux à lui arracher des cris ; tout le temps qu'elle se plaignit, le
perroquet ne sortit point de sa chambre ; il avait
l'air de la plaindre en se plaignant lui-même,
mais aussi douloureusement que s'il avait souffert
en effet. Chaque jour, sa première démarche était
de lui aller rendre visite ; son tendre intérêt se sou-
tint pour elle tant que dura son mal ; et dès qu'elle
en fut quitte, il devint tranquille avec la même
affection, qui n'a jamais changé. Cependant son
goût excessif pour cette fille paraissait être inspiré
par quelques circonstances relatives à son service
à la cuisine, plutôt que par sa personne ; car cette
fille ayant été remplacée par une autre, l'affection
du perroquet ne fit que changer d'objet et parut
être au même degré dès le premier jour pour cette
nouvelle fille de cuisine, et par conséquent avant
que ses soins eussent pu inspirer et fonder cet
attachement.

L'espèce de société que le perroquet contracte
avec nous par le langage est plus étroite et plus
douce que celle à laquelle le singe peut prétendre
par son imitation capricieuse de nos mouvemens

et de nos gestes : si celles du chien, du cheval ou
de l'éléphant sont plus intéressantes par le sentiment et par l'utilité, la société de l'oiseau par-
leur est quelquefois plus attachante par l'agrément ; il récrée, il distrait, il amuse : dans la
solitude, il est compagnie ; dans la conversation,
il est interlocuteur ; il répond, il appelle, il jette
l'éclat des ris, il exprime l'accent de l'affection,
il joue la gravité de la sentence ; ses petits mots,
tombés au hasard, égayent par les disparates, ou
quelquefois surprennent par la justesse. Willoughby parle d'un perroquet qui, lorsque quelqu'un
lui disait : « Ris, poll, ris, » éclatait de rire sur-
le-champ, et un moment après s'écriait : « Quelle
impertinence ! m'ordonner de rire ! » Un de ces
oiseaux, devenu vieux et infirme ainsi que son
maître, était si accoutumé à entendre prononcer
ces mots : « Je suis malade, » que lorsqu'on lui
demandait comment il se portait, il répondait, en
se couchant dans sa cage : « Je suis malade. »

Goldsmith raconte qu'un perroquet apparte-
nant au roi Henri VII, et qu'on laissait toujours
dans une chambre dont les fenêtres donnaient sur
la Tamise, avait appris plusieurs phrases qu'il entendait répéter tous les jours aux bateliers et aux
passagers. Un jour, en jouant sur sa perche, il
tomba malheureusement dans l'eau. Il n'eut pas

plutôt connu le danger de sa situation, qu'il s'é-
cria d'une voix forte : « Un bateau, à moi un bateau ! vingt livres pour me sauver ! » Un batelier qui
passait par là, se précipita dans l'eau, croyant sauver une personne ; il ne retira que le perroquet ;
mais comme il le reconnut pour celui du roi, il le
porta au palais, en réclamant les vingt livres pour
sa récompense. On conta cela au roi, qui accom-
plit la promesse de son perroquet.

Il y a à peu près vingt-cinq ans, qu'à Dublin
une découverte assez essentielle fut faite par le
moyen d'un perroquet. Le lord maire a coutume,
dans cette ville, de parcourir les rues avec sa suite,
d'entrer inopinément dans les boutiques, afin
d'examiner les marchandises, les mesures, les
poids, etc., etc. Ayant un jour visité la boutique d'un boulanger, et le poids des pains s'étant
trouvé juste, le lord témoignait sa satisfaction et
se retirait, lorsqu'un perroquet, renfermé dans une
cage accrochée à la fenêtre, s'écria : « regardez
dans le cabinet, regardez dans le cabinet. » Le
lord-maire et sa suite entrèrent alors dans une petite
chambre qu'ils n'avaient pas remarquée d'abord ;
ils y trouvèrent plusieurs pains dont le poids était
faux, et qui furent emportés sur-le-champ.

L'empereur Basile voulant faire mourir son fils
Léon, qu'on avait calomnié, un perroquet sauva

la vie au jeune prince, en répétant plusieurs fois par hasard : « Hélas ! mon maître Léon » ! Ce mot toucha l'empereur ; on se jeta à ses pieds dans ce moment ; il consentit à revoir son fils, et lui rendit toute sa tendresse.

Dans son *voyage en Espagne*, le marquis de Langle dit : « J'ai vu à Madrid, chez le consul d'Angleterre, un perroquet qui a retenu une foule de choses, un nombre incroyable de contes, d'anecdotes, qu'il débite, qu'il articule sans hésiter. Il parle espagnol, il écorche le français, il sait quelques vers de Racine, le *Benedicite* et la fable du corbeau. Il a coûté trente louis. On ose à peine suspendre sa cage aux fenêtres : lorsqu'il y est, qu'elles sont ouvertes et qu'il fait beau, ce perroquet ne déparle point ; il dit tout ce qu'il sait ; il apostrophe tous ceux qui passent (excepté les femmes) ; il parle politique ; en prononçant le mot Gibraltar il rit aux éclats, on jurerait que c'est un homme qui rit. »

Catherine de Médecis avait un perroquet qui retenait tout, répétait tout, parlait et prononçait aussi bien qu'un homme, c'était quelquefois à s'y tromper.

Les perroquets de cette espèce imitent non-seulement les discours, mais les gestes et les actions. Scaliger dit qu'il en a vu un qui répétait la chan-

son des Savoyards, en exécutant en même temps
leur danse.

———

L'ÉTHIOPIEN ou LE PERROQUET
DE GUINÉE.

Ce perroquet, de la plus petite espèce, n'est pas
plus gros qu'une alouette, et il est si commun dans
la Guinée, qu'on n'y admire pas assez la beauté de
son plumage : presque tout le corps est d'un beau
vert, le bec, la gorge, la poitrine sont rouges ; le
croupion est couvert d'une belle tache bleue. Quoique ses manières ressemblent à celles des autres
perroquets, il lui est difficile de parler, ayant naturellement un cri très-désagréable. Quelques-uns
cependant ont acquis ce talent, mais les exemples
en sont rares.

Ces oiseaux, ont l'un pour l'autre, un tendre
attachement. M. Bonnet, dans son ouvrage de la
Contemplation de la nature, en donne un exemple
extraordinaire : un mâle et une femelle de cette
espèce étaient ensemble dans une grande cage, au
fond de laquelle était placé le vaisseau qui conte-
nait leur nourriture ; toujours perchés sur le même
bâton, ils descendaient tous deux pour manger,
et remontaient ensuite au haut de la cage. Ils vé-

curent de cette manière pendant quatre ans; leurs attentions mutuelles et soutenues, leur gaîté, prouvaient le bonheur de leur union. Au bout de ce temps, la femelle tomba dans un état de langueur, ses pieds enflèrent comme si elle eût eu la goutte; il lui fut bientôt impossible de descendre pour chercher sa nourriture, mais le mâle la lui apportait assidûment dans son bec; il continua de la nourrir ainsi pendant quatre mois. Les infirmités de sa compagne croissaient tous les jours; ne pouvant plus se tenir sur sa perche, elle fut obligée de se coucher au fond de la cage; de temps en temps, elle faisait de vains efforts pour gagner le bâton le plus voisin; le mâle l'aidait de tout son pouvoir, la soulevait avec son bec; on voyait dans ses gestes, dans ses tendres soins, le désir le plus ardent de soulager la faiblesse de sa compagne, et d'alléger ses souffrances. Lorsqu'elle fut sur le point d'expirer, sa tendresse fut encore plus touchante; il redoubla d'assiduité, s'occupa d'elle sans cesse; il essayait souvent de lui ouvrir le bec pour lui donner quelque nourriture; il allait à elle de l'air le plus inquiet et le plus agité, quelquefois il faisait des cris plaintifs, ou bien, les yeux fixés sur elle, il gardait un silence mélancolique. Cette compagne chérie mourut enfin; il languit lui-même quelque temps, et ne lui survécut que de trois mois.

Ces oiseaux sont communs non seulement en Éthiopie et en Guinée, mais dans l'île de Java, et d'autres parties des Indes orientales, où on les voit par troupes immenses; et, comme les moineaux d'Europe, ils sont très-nuisibles aux blés et aux fruits. Les vaisseaux marchands en apportent une grande quantité dans des cages; mais ils sont si délicats, qu'ils meurent souvent dans la route en passant par des climats froids. Il y en a aussi beaucoup qui tombent morts de la frayeur que leur causent les coups de canon que l'on tire sur les vaisseaux. Cependant s'ils supportent le voyage, on peut les garder long-temps, pourvu qu'on les mette par paire dans leurs cages ; et on en a même vu élever des petits.

LE CRICK A TETE ET A GORGE JAUNES.

Cet oiseau est de l'Amérique méridionale; sa longueur ordinaire est de treize pouces. Il a la tête entière, la gorge et le bas du cou d'un très-beau jaune; le dessus du corps d'un vert brillant, et le dessous d'un vert jaunâtre; le fouet de l'aile

6.

est jaune ; le premier rang des couvertures de l'aile est rouge et jaune ; les autres rangs sont d'un beau vert ; les pennes des ailes et de la queue sont variées de vert, de noir, de bleu-violet, de jaunâtre et de rouge ; l'iris des yeux est jaune ; le bec et les pieds sont blanchâtres.

On n'a d'autre connaissance des mœurs et du naturel de cet oiseau que par le détail suivant donné à M. de Buffon par le P. Bougot, qui en avait un apprivoisé. « Il est, dit-il, très-capable d'attachement pour son maître ; il l'aime, mais à condition d'en être souvent caressé ; il semble être fâché si on le néglige, et vindicatif quand on le chagrine : il a des accès de désobéissance ; il mord dans ses caprices, et rit avec éclats après avoir mordu, comme pour s'applaudir de sa méchanceté ; les châtimens ou la rigueur des traitemens ne font que le révolter, l'endurcir, et le rendre plus opiniâtre : on ne le ramène que par la douceur.

« L'envie de dépecer, le besoin de ronger, en font un oiseau destructeur de tout ce qui l'environne ; il coupe les étoffes des meubles, entame les bois des chaises, et déchire le papier et les plumes, etc. Si on l'ôte d'un endroit, l'instinct de contradiction, un instant après, l'y ramène. Il rachète ses mauvaises qualités par des agrémens :

il retient aisément tout ce qu'on veut lui faire dire; avant d'articuler, il bat des ailes, s'agite et se joue sur sa perche; la cage l'attriste et le rend muet; il ne parle bien qu'en liberté : du reste il cause moins en hiver que dans la belle saison, où du matin au soir il ne cesse de jaser, tellement qu'il en oublie sa nourriture.

« Dans ses jours de gaîté, il est affectueux; il reçoit et rend les caresses, obéit et écoute; mais un caprice interrompt souvent et fait cesser cette belle humeur; il semble être affecté des changemens de temps : il devient alors silencieux; le moyen de le raminer est de chanter près de lui; il s'éveille alors, et s'efforce de surpasser, par ses éclats et par ses cris, la voix qui l'excite. Il aime les enfans, et en cela il diffère du naturel des autres perroquets; il en affectionne quelques-uns de préférence; ceux-là ont le droit de le prendre et de le transporter impunément; il les caresse; et si quelque grande personne le touche dans ce moment, il la mord très-serré : lorsque ses amis enfans le quittent, il s'afflige, les suit, et les rappelle à haute-voix. Dans le temps de la mue, il paraît souffrant et abattu, et cet état de forte mue dure environ trois mois.

« On lui donne pour nourriture ordinaire du chènevis, des noix, des fruits de toute espèce, et du pain trempé dans du vin : il préférerait la viande, si on voulait lui en donner; mais on a éprouvé que cet aliment le rend lourd et triste, et lui fait tomber les plumes au bout de quelque temps : on a aussi remarqué qu'il conserve son manger dans des poches ou abajoues, d'où il le fait sortir ensuite par une espèce de rumination. »

LE MACAO ou L'ARA VERT.

La longueur de cet oiseau, depuis l'extrémité du bec jusqu'à celle de la queue, est d'environ seize pouces; son corps, tant en dessus qu'en dessous, est d'un vert qui, sous différens aspects, paraît ou éclatant et doré, ou olive foncé; les grandes et petites pennes de l'aile sont d'un bleu d'aiguemarine sur fond brun, doublé d'un rouge de cuivre; le dessous de la queue est de ce même rouge, et le dessus est peint de bleu d'aigue-marine fondu dans du vert d'olive; le vert de la tête est plus vif et moins chargé d'olivâtre que le reste du corps; à la base du bec supérieur, sur le front, est une bordure noire de petites plumes effilées qui ressemblent à des poils; la peau blanche et nue qui environne les yeux est aussi parsemée de petits pinceaux rangés en ligne des mêmes poils noirs ; l'iris de l'œil est jaunâtre.

Cet oiseau, aussi beau que rare, est encore aimable par ses mœurs sociales et par la douceur de son naturel ; il est bientôt familiarisé avec les personnes qu'il voit fréquemment, il aime leur accueil, leurs caresses, et semble chercher à les leur rendre ; mais il repousse celles des étrangers, et surtout des enfans, qu'il poursuit vivement et sur lesquels il se jette : il ne connaît que ses amis. Il est jaloux, et particulièrement des petits enfans qui sont quelquefois l'objet des caresses ou des bienfaits de sa maîtresse : s'il en voit un sur elle, il cherche aussitôt à s'élancer de son côté en étendant les ailes ; mais comme il n'a qu'un vol court et pesant, et qu'il semble craindre de tomber en chemin, il se borne à lui témoigner son mécontentement par des gestes et des mouvemens inquiets, par des cris perçans et redoublés, et il continue ce tapage jusqu'à ce qu'il plaise à sa maîtresse de quitter l'enfant et d'aller le reprendre sur son doigt. Alors il lui en témoigne sa joie par un murmure de satisfaction et quelquefois par une sorte d'éclat qui imite parfaitement le rire grave d'une personne âgée. Il n'aime pas non plus la compagnie des autres perroquets, et si on en met un dans la chambre qu'il habite, il n'est point tranquille qu'on ne l'en ait débarrassé.

Il mange à peu près de tout ce que nous mangeons : le pain, la viande de bœuf, le poisson frit, la pâtisserie, et le sucre surtout, sont fort de son goût; il casse les noisettes avec son bec, et les épluche ensuite fort adroitement entre ses doigts; il suce les fruits tendres au lieu de les mâcher, en les pressant avec la langue contre la mandibule supérieure du bec; et pour les autres nourritures moins tendres, comme le pain, la pâtisserie, etc., il les broie ou les mâche, en appuyant l'extrémité du demi-bec inférieur contre l'endroit le plus concave du supérieur.

L'ara vert se trouve aux îles de la Jamaïque, dans la Guinée et le Brésil. Ainsi que tous les autres perroquets, il se sert très-adroitement de ses pattes; il ramène en avant le doigt postérieur pour saisir et retenir les fruits et les autres morceaux qu'on lui donne, pour les porter ensuite à son bec. On peut donc dire que les perroquets se servent de leurs doigts à peu près comme les écureuils et les singes; ils s'en servent aussi pour se suspendre et s'accrocher. Ils ont encore une autre habitude; ils ne marchent, ne grimpent ni ne descendent jamais sans commencer par s'accrocher ou s'aider avec la pointe de leur bec; ensuite ils portent leurs pattes en avant pour servir de second point d'appui.

Ces oiseaux font leurs nids dans des arbres creux; il ne pondent que deux fois par an, deux œufs que le mâle et la femelle couvent alternativement.

Alexandre-le-Grand est, dit-on, le premier qui ait fait connaître les perroquets en Europe.

LE TOUCAN.

CET oiseau curieux a tout au plus vingt pouces de long : le bec, d'un vert jaunâtre, a six pouces de longueur, et deux de largeur à la base, qui est rouge; les narines sont placées à la base du bec, et nues; mais dans quelques espèces elles sont recouvertes par des plumes; le dessus du corps est d'un noir verdâtre; la poitrine est d'une belle couleur orange; le ventre, les cuisses et les plumes les plus courtes de la queue sont d'un rouge brillant, le reste de la queue est vert foncé tacheté de rouge; les jambes et les pieds sont noirs. Cet oiseau s'apprivoise aisément; il mange de tout ce qu'on lui offre, mais il se nourrit principalement de fruits. Pozzo, qui a élevé un toucan, dit que son cri ressemble à celui d'une pie. Celui-ci se nourrissait de même que les perroquets, mais il était surtout avide de raisin : on lui en jetait des grains qu'il saisissait très-adroitement en l'air avec son bec. Le bec de cet oiseau est creux, mince, et si faible qu'il ne peut lui servir à rien saisir, ni rien entamer. Sa langue, d'une conformation extraordinaire, n'est point un organe charnu ou cartilagineux comme celle de tous les animaux ou des autres oiseaux; c'est une véritable plume accompagnée des deux côtés de barbes très-serrées, et toutes pareilles à celles des plumes ordinaires. Ces barbes, dirigées en avant, sont d'autant plus longues, qu'elles sont situées plus près de l'extrémité de la langue, qui est elle-même tout aussi longue que le bec.

Plusieurs auteurs ont écrit que le toucan perçait les arbres comme le pic; mais la forme de son bec crochu et courbé en bas suffit pour démentir cette opinion.

Les toucans font leur nid dans des creux d'arbre, qu'ils forment quelquefois eux-mêmes ; ils pondent deux œufs, et aucun oiseau, dit M. de Buffon, ne sait mieux défendre ses petits, qui ont à craindre non-seulement les oiseaux, les hommes et les serpens, mais une multitude de singes, plus méchans et plus voraces que tout le reste. Le toucan se tient dans son creux, et en défend l'entrée avec son gros bec. Si le singe vient lui rendre visite, il le reçoit d'une telle manière qu'il lui fait toujours prendre la fuite.

Le toucan est originaire de la Guiane et du Brésil. Il est très-recherché dans l'Amérique méridionale, pour la délicatesse de sa chair et la beauté de ses plumes, particulièrement celles de la poitrine. Les Indiennes font sécher la peau de cette partie de son corps, et l'appliquent sur leurs joues, croyant ajouter à leur beauté.

Dans quelques contrées de l'Amérique méridionale on a donné à ces oiseaux le nom de *toucans prédicateurs*, parce que la nuit, lorsqu'ils sont tous rassemblés, l'un d'eux, se tenant sur un arbre élevé, fait entendre un sifflement aigu, en remuant la tête à droite et à gauche, dans l'intention, à ce que l'on croit, d'écarter les oiseaux de proie. Les toucans changent de pays, pour suivre la maturité des fruits qui sont leur principale nourriture.

LE COMMANDEUR.

Cet oiseau est à peu près de la grosseur d'un étourneau. Les pieds et le bec sont noirs ; le plumage est
entièrement noir, à l'exception de la partie antérieure des ailes, qui est d'un rouge brillant. C'est
cette plaque rouge qui semble avoir quelque rapport avec un ordre de chevalerie, qui lui a fait
donner le nom de commandeur.

Ces oiseaux sont en si grand nombre dans quelques parties de l'Amérique, qu'on en prend souvent trois cents d'un seul coup de filet. Ils se nourrissent d'insectes, de froment, de maïs, dont ils
consomment une grande quantité. Quelquefois les
fermiers, pour éviter cette destruction, trempent
le maïs, avant de le semer, dans une décoction
d'ellébore blanc. Les oiseaux qui mangent de ce
blé ainsi préparé tombent saisis de vertiges. On les
appelle en Amérique *voleurs de maïs*. Ils sont si
voraces et si hardis, qu'on peut tirer dessus deux
ou trois fois sans qu'ils se dérangent, et souvent,
avant qu'on ait rechargé, le nombre de ces oiseaux
est augmenté.

Catesby assure que les commandeurs, dans la
Caroline et la Virginie, font toujours leur ponte
parmi les joncs, dont ils savent entrelacer les

pointes pour faire une espèce de comble ou d'abri, sous lequel ils établissent leur nid à une hauteur si juste et si bien mésurée, qu'il se trouve toujours au-dessus des marées les plus hautes. Latham dit qu'ils bâtissent leur nid sur des branches d'arbres, à trois ou quatre pieds de terre, et dans les endroits marécageux où l'homme pénètre rarement.

On les prend aisément dans des trappes, et il est facile de les apprivoiser, tel âge qu'ils aient. On leur apprend même à parler; ils sont très-gais, et se plaisent à chanter et à jouer, soit qu'on les tienne en cage, soit qu'on les laisse courir dans la maison. On les met souvent dans une cage cylindrique, qu'ils font tourner comme les écureuils. Rien n'est si amusant que de les voir se regarder dans un miroir, devant lequel ils font des mines et des gestes extrêmement comiques. On dit que lorsqu'ils ont été long-temps renfermés dans une cage, ils deviennent tout blancs, et si stupides qu'ils ne songent seulement pas à prendre leur nourriture; néanmoins cela ne leur arrive jamais dans le pays où ils sont nés.

LE TROUPIALE.

CET oiseau se trouve dans les îles de la Caroline et de la Jamaïque. Sa grosseur est celle du merle. Il se nourrit d'insectes, et les Américains le gardent dans leurs maisons, parce qu'il leur est utile sous ce rapport. Il sautille comme la pie, et a beaucoup de ses allures. Mais Albin assure qu'il ressemble dans toutes ses actions à l'étourneau; et il ajoute qu'on en voit quelquefois quatre ou cinq s'associer pour donner la chasse à un autre oiseau plus gros, et que lorsqu'ils l'ont tué, ils dévorent leur proie avec ordre, chacun mangeant à son rang. Dans l'état sauvage, ils sont si farouches et si hardis qu'ils attaqueraient jusqu'à l'homme; mais une fois apprivoisés, ils deviennent très-doux.

Les nids de ces oiseaux sont d'une forme cylindrique, suspendus à l'extrémité des plus hautes branches, et flottans librement dans l'air; en sorte que les petits nouvellement éclos y sont bercés continuellement. Dans cette situation ils sont en sûreté contre certains animaux terrestre, et surtout contre les serpens.

LE CAP-MORE.

Cet oiseau se trouve au Sénégal, et dans plusieurs autres parties de l'Afrique. Deux femelles ayant été mises dans la même cage, on s'aperçut qu'elles entrelaçaient des tiges de mouron dans les grillages ; on prit cela pour l'indice d'une disposition prochaine à nicher, et on leur donna de petits brins de jonc, dont elles eurent bientôt construit un nid, qui avait assez de capacité pour que l'une des deux y fût cachée tout entière ; mais le lendemain voyait détruire l'ouvrage de la veille ; ce qui prouve que dans l'état de nature, le mâle et la femelle travaillent tous deux à leur nid, et la femelle n'est pas capable, à elle toute seule, de terminer cet édifice important.

Un oiseau de cette espèce, ayant trouvé par hasard une aiguillée de soie, l'entrelaça dans les barreaux de sa cage ; on lui en donna une certaine quantité, et il s'en fit une espèce de store, pour empêcher le jour de pénétrer de ce côté. Le vert et le jaune étaient les deux couleurs qu'il paraissait préférer.

CHAPITRE VII.

LE GRAND OISEAU DE PARADIS.

IL est impossible de rien voir de plus élégant que le plumage de cet oiseau. Ce qu'il a de plus remarquable, ce sont les deux longs filets qui s'élèvent au-dessus de la queue, et la quantité de longues plumes qui prennent naissance de chaque côté, entre l'aile et la cuisse, et qui se prolongeant bien au-delà de la queue véritable, se confondent pour ainsi dire avec elle, et lui font une espèce de fausse queue, à laquelle plusieurs observateurs se sont mépris. Ces plumes *subalaires* sont de celles que les naturalistes appellent décomposées ; elles sont très-légères en elles-mêmes, et forment, par leur réunion, un tout encore plus léger, un volume presque sans masse et comme aérien. La tête et le derrière du cou sont d'un jaune pâle ; la gorge est d'un vert d'émeraude brillant ; la poitrine et le ventre sont bruns et quelquefois noirs, les ailes couleur de noisette, les pieds et les on-

gles bruns; le bec est d'un jaune verdâtre. La tête
est fort petite à proportion du corps; les yeux sont
encore plus petits, et placés très-près de l'ouverture du bec. La longueur du plumage de ces oiseaux les empêche de voler quand il fait du vent.
Lorsqu'ils se trouvent surpris par la tempête, ils
prennent leur essor perpendiculairement jusque
dans la plus haute région, où le calme de l'atmosphère leur permet de continuer leur voyage avec
sécurité.

Ces oiseaux sont sujets à une mue considérable,
qui dure plusieurs mois de l'année. Ils se cachent
pendant ce temps-là, qui est la saison des pluies
pour le pays qu'ils habitent; mais, au commencement du mois d'août, c'est-à-dire après la ponte,
leurs plumes reviennent, et pendant les mois de
septembre et d'octobre, qui sont un temps de calme,
ils vont par troupes, comme font les étourneaux en
Europe. En volant, ils font un cri semblable à celui
du corbeau.

Avant que les naturalistes fussent parvenus à
connaître cet oiseau, on a fait de lui des récits
fabuleux, auxquels on ajoutait foi. On disait qu'il
n'avait point de pieds, qu'il volait continuellement,
même en dormant; qu'il ne vivait que de vapeur
et de rosée; que la femelle pondait ses œufs en l'air,

et beaucoup d'autres choses aussi absurdes et aussi ridicules.

L'attachement exclusif de l'oiseau de paradis pour les contrées où croissent les épiceries, donne lieu de croire qu'il rencontre sur ces arbres aromatiques la nourriture qui lui convient le mieux. Tavernier assure qu'il aime extrêmement les muscades, et que, dans la saison, il en mange tellement qu'il s'enivre et tombe par terre. J. Otton Helbigius, qui a voyagé dans les Indes orientales, dit qu'il se nourrit de baies rouges que produit un arbre fort élevé. Linnée croit qu'il fait sa proie des grands papillons, et Bontius, qu'il donne quelquefois la chasse aux petits oiseaux et les mange. Les bois sont sa demeure ordinaire ; il se perche sur les arbres, où les Indiens l'attendent cachés dans des huttes légères qu'ils savent attacher aux branches, d'où ils le tirent avec leurs flèches de roseau. On les prend aussi avec de la glu ou dans des filets ; lorsqu'ils sont pris, ils font une vigoureuse résistance, et se défendent avec leur bec. Il y a quelques sauvages qui ouvrent avec un canif le ventre de ces oiseaux, en retirent les entrailles et une partie de la chair, ensuite les font sécher à la fumée, et les vendent à vil prix aux Européens. Dans les Indes et dans la Perse on emploie leurs plumes pour orner les turbans

des personnes de considération, et même les har-
nois des chevaux.

Ces oiseaux ne se trouvent que dans une très-
petite partie de l'ancien continent, et jamais dans
le nouveau. Ils font continuellement le voyage
des îles d'Arou à la nouvelle-Guinée, et reviennent aux îles d'Arou. Ils volent par bandes de
trente ou quarante, sous la direction d'un oiseau
de leur espèce, que les naturels du pays appellent
le roi, et qui est noir, tacheté de rouge. Ce chef
vole toujours au-dessus des autres, qui ne le quittent jamais, et descendent sur terre pour se reposer lorsqu'il le juge à propos et qu'il leur en donne
l'exemple.

LE PETIT OISEAU DE PARADIS.

On a parlé de cet oiseau comme étant une variété
du grand oiseau de Paradis, parce qu'il a avec lui
beaucoup de rapport; cependant plusieurs raisons
font présumer que ce sont deux espèces distinctes :
la plus forte, celle qui donne lieu à cette opinion,
est la différence qui existe dans la conduite et les
habitudes de ces deux oiseaux. Celui-ci ne se trouve

que dans les îles de Papous, qui s'étendent depuis l'extrémité méridionale de Gilols et le nord de Ceram, jusqu'à la partie occidentale de la Nouvelle-Guinée, tandis que l'autre habite la Nouvelle-Guinée et les îles d'Arou. D'ailleurs, le petit oiseau de paradis ne quitte point son pays natal, et l'autre voyage tous les ans à une époque fixe. Ils se ressemblent pourtant pour la forme et la couleur; mais ils diffèrent en grandeur, le petit ayant à peine vingt pouces de long, pendant que le grand oiseau de paradis a ordinairement deux pieds quatre pouces. Le petit a le bec couleur de plomb, les yeux sont petits, et la gorge, d'un vert d'émeraude, est entourée d'un collier noir. La tête et le derrière du cou sont jaune foncé, la poitrine et le ventre d'un brun obscur, les ailes courtes et couleur noisette. Les plumes qui sortent de dessous les ailes sont d'une couleur plus pâle que celles de l'espèce précédente, le dos est d'un jaune gris. En général, les couleurs de cette espèce sont moins brillantes que dans l'autre. Le bec et le cou sont plus gros chez le mâle que chez la femelle.

Ces petits oiseaux suivent toujours un roi ou un chef, à qui ils paraissent obéir. Ils perchent sur les abres les plus hauts des montagnes, et y construisent leur nid. Les sauvages de Maysol les tuent avec des flèches émoussées, pour ne pas altérer la beauté de leur plumage ; ils jettent aussi , dans les ruisseaux où ils boivent ordinairement , une drogue enivrante qui les met hors d'état de se sauver lorsqu'on approche pour les prendre. Ces oiseaux aiment beaucoup un arbre nommé *tsampedoch* ; ils le percent avec leur bec pour en extraire la moëlle. Quand les sauvages les ont tués , ils retirent les entrailles , passent un fer rouge dans le ventre , et les mettent dans le creux d'un bambou pour les conserver.

LE MANUCODE ou ROI DES OISEAUX DE PARADIS.

CET oiseau solitaire ne perche jamais sur des arbres élevés , comme ceux de cette espèce , mais il voltige de buisson en buisson dans les lieux qui produisent les arbrisseaux à petits fruits rouges. Les insulaires d'Arou n'y ont jamais trouvé son nid : il paraît qu'il vient de la Nouvelle-Guinée , et n'habite l'île d'Arou qu'accidentellement. Les naturels du pays prennent ces oiseaux dans des piéges faits avec une plante qu'ils appellent gumunatty ; ils les vendent ensuite dans les Indes :

on les garde pour faire des ornemens avec leurs plumes.

M. Sonnerat, qui a eu occasion d'observer cet oiseau, en donne la description suivante : « Le roi des oiseaux de paradis est à peu près de la grosseur d'un merle d'Europe. Il diffère des autres espèces d'oiseaux de paradis, en ce qu'il a les ailes plus longues et la queue plus courte. La tête, le cou, la gorge, le dos, la queue et les ailes sont d'un rouge vif et brillant comme le carmin, et aussi doux que du velours à l'œil et au toucher. Le ventre est blanc, séparé du cou par une raie verte et lustrée ; de chaque côté du ventre, sous les ailes, il y a de longues plumes grises, terminées par une pointe verte lustrée comme le collier. Du milieu de la queue sortent deux filets plus longs qu'elle, dont l'extrémité, garnie de barbes, fait la bouche en se roulant sur elle-même, et est ornée de miroirs semblables, en petit, à ceux du paon, et d'un vert éclatant. Le bec et les pieds sont jaunes, l'iris de même, et l'angle intérieur de l'œil est marqué de noir. »

Il y a un autre oiseau de cette espèce, remarquable par deux bouquets de plumes qui se trouvent derrière le cou et à sa naissance ; le premier est composé de plusieurs plumes étroites, de couleur jaunâtre, marquées près de la pointe d'une petite tache noire, et qui, au lieu d'être couchées comme à l'ordinaire, se relèvent sur leur base, de manière que les plus proches de la tête forment avec elle un angle droit. Au-dessous de ce premier bouquet on en voit un second plus considérable, mais moins relevé et plus incliné en arrière : il est formé de longues barbes détachées qui naissent de tuyaux fort courts, et dont quinze ou vingt se réunissent ensemble pour former des espèces de plumes couleur de paille : ces plumes semblent avoir été coupées carrément par le bout, et font des angles plus ou moins aigus avec le plan des épaules. Ce second bouquet est accompagné, de droite et de gauche, de plumes ordinaires variées de brun et d'orange; il est terminé, en arrière, par une tache d'un brun rougeâtre et luisant, de forme triangulaire, dont la pointe ou le sommet est tourné vers la queue, et dont les plumes sont décomposées comme celles du second bouquet.

Un autre trait caractéristique de cet oiseau, ce sont les deux filets de la queue: ils sont longs d'environ un pied, larges d'une ligne, d'un bleu changeant en vert éclatant, et prennent naissance au-dessus du croupion. Dans tout cela ils ressemblent fort aux filets de l'espèce précédente; mais ils en diffèrent par leur forme; car ils se terminent en pointe, et n'ont de barbe que sur la partie moyenne du côté intérieur seulement.

Le milieu du cou et de la poitrine est marqué, depuis la gorge, par une rangée de plumes très-courtes, présentant une suite de petites lignes transversales qui sont alternativement d'un beau vert clair changeant en bleu, et d'un vert canard foncé. Le brun est la couleur dominante du bas-ventre, du croupion et de la queue; le jaune roussâtre est celle des pennes des ailes et de leurs couvertures; mais les pennes ont de plus une tache brune à leur extrémité. Les plumes de la tête sont courtes, droites, serrées et fort douces au toucher; c'est une espèce de velours de couleur changeante, comme dans presque tous les oiseaux de paradis, et le fond de cette couleur est un mordoré brun; la gorge est aussi revêtue de plumes veloutées, mais celles-ci sont noires, avec des reflets verts dorés. Cet oiseau est plus grand que l'autre roi des oiseaux de paradis.

LE PAON.

Le paon peut, à juste titre, être appelé le plus beau des oiseaux : sa figure est noble et majestueuse ; son plumage éclatant réunit toutes les couleurs du ciel et de la terre ; sa tête, petite et oblongue, est ornée d'une aigrette qui semble être le diadème de la beauté : cette aigrette est composée de petites plumes au nombre de vingt-quatre, dont la tige est garnie, depuis la base jusqu'auprès du sommet, non de barbes, mais de petits filets rares et détachés ; le sommet est formé de barbes ordinaires unies ensemble, et peintes des plus belles couleurs.

Ce bel oiseau est à peu près de la grosseur d'un jeune dindon ; sa longueur ordinaire, depuis le bec jusqu'à l'extrémité de la queue, est de trois pieds huit pouces, sa queue a un pied et demi de long, et les ailes étendues sont de cinq pouces plus courtes. Le bec, convexe et fort, a deux pouces de long ; il est d'une couleur brune. Le mâle a un éperon à chaque pied, long de trois quarts de pouce, et terminé par une pointe aiguë. Mais ce qui distingue particulièrement la paon du nombre infini des oiseaux gallinacés, c'est la longueur extraordinaire des plumes qui couvrent la queue ; ces plumes sont en grand ce que celles de l'aigrette sont en petit; leur tige est pareillement garnie, depuis sa base jusque près de l'extrémité, de filets détachés de couleur changeante, et elle se termine par une plaque de barbes réunies, ornée de ce qu'on appelle *l'œil* ou le *miroir* : c'est une tache brillante, émaillée des plus belles couleurs, jaune doré de plusieurs nuances, vert changeant en bleu et en violet éclatant, selon les différens aspects, et tout cela empruntant encore un nouveau lustre de la couleur du centre qui est un beau noir velouté.

La couleur la plus permanente de la tête, de la gorge, du cou et de la poitrine, c'est le bleu, avec diffrens reflets de violet, d'or et de vert éclatant. De chaque côté de la tête il y a deux taches blanches, l'une au-dessus de l'œil, et l'autre, plus large, placée au-dessous. Les plumes qui composent la crête brillent des mêmes couleurs que celles de l'aigrette ; les plumes du dos et du croupion sont d'un vert brillant et doré, avec des reflets couleur de cuivre, bordées d'un cercle noir velouté, et de la forme d'écailles de poisson ; celles qui couvrent la queue sont divisées en deux rangs, l'un au-dessus de l'autre : les *yeux* sont placés sur le premier rang, le second n'en a point , et les plumes paraissent coupées carrément.

Le ventre et les côtés du paon sont blancs , nuancés de vert et d'or. La queue est composée de dix-huit plumes d'un gris brun. Les plumes des jambes sont d'une belle couleur fauve; les petites plumes des ailes de même, nuancées de noir, vert et or. L'iris de l'œil est jaune ; les pieds et les ongles sont gris.

La paone est plus petite que le paon. Ses couleurs sont moins brillantes , son aigrette moins élevée, et ses pieds n'ont point d'éperons. Les plumes qui couvrent la queue n'ont point ces *yeux* brillans qu'on admire dans le mâle, et sont même moins longues que la queue. Presque tout son plumage est brun cendré, le sommet de la tête et la crête sont marquées de petites taches vertes. Les deux taches blanches des côtés de la tête, paraissent plus grandes que dans le mâle; la gorge est blanche, le cou vert, et chaque plume de la poitrine est bordée de blanc; l'iris de l'œil est couleur de plomb; le bec, les pieds et les ongles sont gris.

Cet oiseau, qui semble orgueilleux de l'éclat de son plumage, est l'emblème de ces personnes vaines dont le seul mérite consiste dans la richesse et l'élégance de leurs vêtemens; car il est presque

7

sans aucune utilité; sa chair est dure, sèche et sans saveur, sa beauté même est de peu de durée, car ses plumes les plus brillantes tombent tous les ans. Le paon, comme s'il sentait la honte de sa perte, craint de se faire voir dans cet état humiliant, et cherche les retraites les plus sombres pour s'y cacher à tous les yeux, jusqu'à ce qu'un nouveau printemps, lui rendant sa parure accoutumée, le ramène sur la scène pour y jouir des hommages dus à sa beauté; car on prétend qu'il en jouit en effet, qu'il est sensible à l'admiration; que le vrai moyen de l'engager à étaler ses belles plumes, c'est de lui donner des regards d'attention et des louanges; et qu'au contraire, lorsqu'on paraît le regarder froidement et sans beaucoup d'intérêt, il replie tous ses trésors, et les cache à qui ne sait point les admirer.

Quoique les paons soient depuis long-temps naturalisés en Europe, ils n'en sont pas moins originaires des Indes où ils sont en grande quantité, et où ils subsistent et se multiplient sans le secours de l'homme. Des Indes ils auront facilement passé dans la partie occidentale de l'Asie, et de là dans la Grèce, où ils furent d'abord si rares, qu'à Athènes on les montra pendant trente ans comme un objet de curiosité, et qu'on accourait en foule des villes voisines pour les voir. La beauté du plumage de ces oiseaux s'altère infiniment dans les climats froids.

Lorsqu'Alexandre vit pour la première fois des paons dans les Indes, il fut tellement frappé de leur beauté, qu'il défendit de les tuer sous des peines très-sévères. Mais il y a toute apparence que peu de temps après Alexandre, et même avant la fin de son règne, ils devinrent fort communs: car le poète Antiphanes, contemporain de ce prince, et qui lui a survécu, dit qu'une seule paire de paons apportée en Grèce s'y était multipliée à un tel point, qu'il y en avait autant que de cailles. Aristote, qui ne survécut que deux ans à son élève, parle des paons comme d'oiseaux fort communs.

Comme les paons vivent aux Indes dans l'état sauvage, c'est aussi dans ce pays qu'on a inventé l'art de leur donner la chasse : on ne peut guère les approcher le jour, quoiqu'ils se répandent dans les champs par troupes assez nombreuses, parce que dès qu'ils découvrent le chasseur, ils fuient devant lui plus vite que la perdrix, et s'enfoncent dans les broussailles où il est impossible de les suivre ; ce n'est donc que la nuit qu'on parvient à les prendre, et voici de quelle manière se fait cette chasse dans les environs de Cambaie :

On s'approche de l'arbre sur lequel ils sont perchés; on leur présente une espèce de bannière qui porte deux chandelles allumées, et où l'on a peint des paons au naturel; le paon, ébloui par cette lumière, ou bien occupé à considérer les paons en peinture qui sont sur la bannière, avance le cou, le retire, l'allonge encore; et lorsqu'il se trouve dans un nœud coulant qu'on a placé exprès, on tire la corde, et on se rend maître de l'oiseau.

La femelle du paon est beaucoup plus féconde dans les Indes, où elle pond, dit-on, vingt à trente œufs, que dans les climats froids, où le nombre ne surpasse pas quatre ou cinq; ces œufs sont blancs, tachetés comme ceux de dinde, et à peu près de la même grosseur. Si on laisse à la paone la liberté d'agir selon son instinct, elle déposera ses œufs dans un lieu secret et retiré, et les couvera aussitôt que sa ponte sera finie : elle couve pendant vingt-sept ou trente jours, plus ou moins, selon la température du climat ou de la saison : pendant ce temps, on a le soin de mettre à sa portée une quantité suffisante de nourriture, de peur qu'étant obligée d'aller se repaître au loin, elle ne quitte ses œufs trop long-temps, et ne les laisse refroidir. Il faut aussi prendre garde de la troubler dans son nid, et de lui donner de l'ombrage; car, par une suite de son naturel inquiet

et défiant, si elle se voit découverte, elle aban-
donnera ses œufs et recommencera une nouvelle
ponte qui ne vaudra pas la première, à cause de
l'approche de l'hiver.

Quand les petits sont éclos, il faut les laisser
sous la mère pendant vingt-quatre heures ; ensuite
on pourra les transporter sous une mue. On a observé que les premiers jours la mère ne revenait
jamais coucher avec sa couvée dans le nid ordinaire, ni même deux fois dans le même endroit :
comme cette couvée si tendre ne peut encore
monter sur les arbres, et qu'elle est exposée à
beaucoup de dangers, on doit y veiller de près
pendant ces premiers jours, épier l'endroit que la
mère a choisi pour son gîte, et mettre ses petits
en sûreté sous une mue, ou dans une enceinte
formée en plein champ.

Les paoneaux, jusqu'à ce qu'ils soient un peu
forts, portent mal leurs ailes, et ne savent pas encore s'en servir : dans ces commencemens, la mère
les prend tous les soirs sur son dos, et les porte
l'un après l'autre sur la branche où ils doivent
passer la nuit ; le lendemain matin elle saute devant eux du haut de l'arbre en bas, et les accou-
tume à en faire autant pour la suivre, et à se servir
de leurs ailes. A mesure que les petits se fortifient,
ils commencent à se battre entre eux (surtout

dans les pays chauds), et c'est pour cela que les anciens, qui paraissent s'être beaucoup plus occupés que nous de l'éducation de ces oiseaux, les tenaient dans de petites cases séparées. Lorsque les petits ont un mois d'âge, ou un peu plus, l'aigrette commence à leur pousser, et ce n'est que de ce moment que le coq-paon les reconnaît pour les siens ; car tant qu'ils n'ont point d'aigrette il les poursuit comme étrangers. On ne doit néanmoins les mettre avec les grands que lorsqu'ils ont sept mois ; et s'ils ne se perchaient pas d'eux-mêmes sur le juchoir, il faut les y accoutumer, et ne point souffrir qu'ils dorment à terre, à cause du froid et de l'humidité.

Quoique les paons ne puissent pas voler beaucoup, ils aiment à grimper ; ils passent ordinairement la nuit sur les combles des maisons où ils causent beaucoup de dommages, et sur les arbres les plus élevés ; c'est de là qu'ils font souvent entendre leur voix qu'on s'accorde à trouver désagréable, peut-être parce qu'elle trouble le sommeil, et d'après laquelle on prétend que s'est formé leur nom dans presque toutes les langues.

Les jeunes paons peuvent se manger à la rigueur ; mais les vieux sont trop durs, et d'autant plus durs que leur chair est naturellement fort sèche : c'est sans doute à cette qualité qu'elle doit

la propriété singulière , et qui paraît assez avérée ,
de se conserver sans corruption pendant plusieurs
années.

On employait autrefois les plumes de paon à
faire des espèces d'éventails ; on en formait des
couronnes en guise de laurier , pour les poètes
appelés *troubadours*. Gesner a vu une étoffe dont
la chaîne était de soie de fil d'or , et la trame
de ces mêmes plumes ; tel était sans doute le manteau tissu de plumes de paon qu'envoya le pape
Paul III au roi Pepin. En Chine , les plumes de
paon sont une marque de dignité ; les mandarins
ont seuls le droit d'en porter sur leurs chapeaux ;
autrefois elles servaient aussi d'ornemens aux rois
d'Angleterre.

A Dunkerque , dans l'hiver de 1776 , on trouva
un paon enseveli sous la neige depuis plusieurs
jours ; il était vivant , mais entièrement gelé. On
le rechauffa peu-à-peu ; il fut bientôt en état de
manger , et continua de se porter aussi bien que
s'il ne lui était rien arrivé. Ceci est d'autant plus
extraordinaire, que le paon est originaire d'un climat chaud.

La durée ordinaire de la vie de ces oiseaux est
de vingt-cinq ans ; quelques-uns ont été, dit-on ,
jusqu'à cent.

LE PAON BLANC.

Cet oiseau, ainsi que son nom l'annonce, est entièrement blanc, sans en excepter les longues
plumes de la queue sur lesquelles on distingue
cependant encore quelques traces de ces *yeux*
qui font l'ornement des paons ordinaires. Le paon
blanc conserve sa couleur dans tous les pays, l'été
comme l'hiver; les œufs même de cet oiseau, pon-
dus et éclos en Italie, donnent encore des paons
blancs. La plupart des naturalistes s'accordent à
regarder la Norwège et les autres contrées du nord
comme son pays natal, et il paraît qu'il y vit dans
l'état de sauvage; car il se répand pendant l'hiver
en Allemagne où on en prend assez communément
dans cette saison; on en trouve même dans des
contrées beaucoup plus méridionales, telles que la
France et l'Italie, mais seulement dans l'état de
domesticité. Selon Latham, ils sont plus communs
en Angleterre qu'ailleurs. Les naturalistes modernes
ne disent rien de l'histoire de ces oiseaux, si ce n'est
que leurs petits sont fort délicats, et s'élèvent
difficilement.

Cependant il est vraisemblable que l'influence
du climat ne s'est point bornée à leur plumage,
et qu'elle se sera étendue plus ou moins jusque

sur leur tempérament , leurs habitudes et leurs mœurs.

En 1783, à Gentilli, près de Paris , une paire de paons communs fit une couvée de quatre petits, dont deux étaient entièrement blancs. On assure qu'il n'y avait pas dans tout le voisinage un seul paon de cette couleur. Ceci prouverait que cette variété n'est pas absolument particulière aux pays septentrionaux.

LE PAON PANACHÉ , ET AUTRES.

Frich croit que le paon panaché n'est autre chose que le produit du mélange des deux précédens, le paon ordinaire et le paon blanc : il porte en effet sur son plumage l'empreinte de cette double origine, car il a du blanc sur le ventre, sur les ailes et sur les joues, et dans tout le reste , il est comme le paon ordinaire, si ce n'est que les miroirs de la queue ne sont ni si large, ni si ronds , ni si bien terminés. Tout ce qu'on trouve dans les auteurs sur l'histoire particulière de cet oiseau, se réduit à ceci, que ses petits ne sont pas aussi délicats à élever que ceux du paon blanc.

Le paon du Japon n'est connu en Europe que par une figure peinte envoyée au pape par l'empereur du Japon. Il est à peu près de la taille du paon ordinaire; mais le bec est plus gros et couleur de cendre; l'iris est jaune, et le tour des yeux rouge; le sommet de la tête est orné d'une aigrette en forme d'épi, haute de quatre pouces, émaillée de vert et de bleu; la tête et le haut du cou sont tachetés de bleu; la poitrine est bleue, avec des reflets verts et or, le ventre, les cuisses sont couleur cendrée, marqués de noir. Les grandes pennes de l'aile sont vertes dans le milieu ensuite jaunâtres et noires à l'extrémité; les plumes de la queue sont en plus petit nombre que celles du paon ordinaire; le fond en est plus rembruni et les miroirs plus grands, mais brillans des mêmes couleurs. Les pieds sont cendrés et n'ont point d'éperons.

La femelle est plus petite que le mâle; elle en diffère en ce qu'elle a le ventre entièrement noir, et les couvertures du croupion beaucoup plus courtes.

Le paon chinois ou l'éperonnier est plus gros que le paon commun; le bec est noir, l'iris des yeux jaune. Les plumes du sommet de la tête, d'une couleur brune, se relèvent et forment une espèce d'aigrette. Le dessous du corps et les cuisses sont presque nus ; le dessous est généralement brun. La queue est semée de miroirs ou de taches brillantes, de forme ovale et d'une belle couleur de pourpre avec des reflets bleus, verts et or ; ces miroirs font d'autant plus d'effet, qu'ils sont terminés et détachés du fond par un double cercle, l'un noir et l'autre orangé obscur. Les jambes et les pieds sont bruns, et chaque pied est armé d'un double éperon, ce qui lui a fait donner le nom d'éperonnier.

La femelle est d'un tiers plus petite que le mâle : la tête, le cou et le dessous du corps sont bruns ; la tête n'a point de huppe ; le dessus du corps est brun, marqué de taches bleues, entourées d'un cercle orange ; les plumes qui couvrent la queue sont des mêmes couleurs ; les pieds n'ont point d'éperons.

Le paon du Thibet a près de deux pieds deux pouces de longueur. Il a l'iris des yeux jaune, le bec cendré, le fond du plumage cendré, varié de lignes noires et de points blancs ; mais ce qui en fait l'ornement principal et distinctif, ce sont de belles et grandes taches rondes d'un bleu éclatant, changeant en violet et en or, répandues une à une sur les plumes du dos et les couvertures des ailes, deux à deux sur les pennes des ailes, et quatre à quatre sur les longues couvertures de la queue, dont les deux du milieu sont les plus longues de toutes, les latérales allant toujours en se raccourcissant de chaque côté. Les pieds sont gris, ornés par derrière de deux éperons; les ongles sont noirs.

CHAPITRE VIII.

LE COUCOU.

Cet oiseau a environ quatorze pouces de long, et vingt-cinq d'envergure; le bec noir, plus ou moins courbé; l'iris des yeux jaune. La tête, le cou, le dos et les ailes sont d'un bleu pâle, un peu plus foncé sur la tête et le dos; la poitrine et le ventre sont blancs, rayés de noir; la queue est assez longue et composée de dix plumes de grandeur inégale : les deux du milieu sont noires, tachetées de blanc, les autres brunes, également marquées de blanc. Les jambes sont courtes et jaunes; les ongles blancs, et placés deux en avant, et deux en arrière.

Le coucou fait entendre son cri, que tout le monde connaît, depuis le milieu du mois d'avril jusqu'à la fin de juin. Ces oiseaux ne font pas de nid; et ce qui n'est pas moins extraordinaire, c'est que la femelle dépose son œuf dans le nid d'un autre oiseau qui a la bonté de le couver. Les nids qu'elle choisit pour cela sont ordinairement ceux de la verdière, de la fauvette, de la linotte et de l'alouette; mais elle semble préférer celui de la verdière.

M. Edward Senner prétend que, lorsque le petit coucou vient d'éclore, le premier usage qu'il fait de ses forces est pour chasser du nid les enfans de sa mère nourrice, afin d'en demeurer l'unique possesseur, mais M. de Buffon ne dit rien de semblable, et loin de penser que le coucou soit capable d'une pareille ingratitude, il le croit susceptible de reconnaissance, et prétend même qu'au retour de son quartier d'hiver, il se rend avec empressement au lieu de sa naissance, et témoigne à sa famille adoptive la joie qu'il a de la revoir.

On ne sait pas trop pourquoi le coucou, qui paraît avoir la même conformation que les autres oiseaux, ne fait pas de nid, et n'élève pas ses petits; la seule raison qu'on puisse en donner, est la courte résidence de cet oiseau dans les lieux destinés à la propagation de son espèce. M. Stafford assure cependant avoir vu en Derbyshire un nid de coucou dans lequel il y avait deux petits que les parens nourrissaient avec soin; mais ce fait paraît incroyable, et jamais aucun auteur français n'en a cité un pareil.

Plusieurs auteurs pensent que les coucous demeurent tout l'hiver dans un état d'engourdisse-ment et de stupeur, et qu'on les trouve souvent dépouillés de leurs plumes dans des creux d'arbres.

On ne peut pas néanmoins garantir la vérité de ce fait, mais il est probable qu'on aura quelque-fois trouvé dans cet état d'engourdissement de jeunes coucous qui n'avaient pas eu la force de suivre leurs parens.

Les coucous mâles paraissent en plus grand nombre que les femelles; à la vérité, comme il n'y a que le mâle qui chante, il n'est pas étonnant que ceux de ces oiseaux que l'on prend soient presque toujours de ce sexe, parce que le chasseur est averti par leur voix, tandis que le silence de la femelle la met en sûreté.

La chair, les insectes, les chenilles surtout, sont la nourriture principale du coucou. Quoique les petits soient pendant long-temps faibles et niais, cependant on peut les apprivoiser, et ils deviennent assez familiers; on peut alors les nourrir de pain et de lait, de fruits, d'insectes, d'œufs et de viande cuite ou crue. Étant engrais-sés, ils sont assez bons à manger.

Le plumage du coucou varie plusieurs fois dans le cours de sa vie; en vieillissant il reprend à peu près celui qu'il avait étant jeune.

Cette espèce de coucou est la seule qu'on trouve

dans la Grande-Bretagne. Elle n'est même pas commune en Europe ; les autres espèces sont répandues dans les quatre parties du monde, mais le nombre en est plus grand dans les climats chauds.

LE COUCOU INDICATEUR.

Le coucou indicateur, ou le moroc, ressemble pour l'extérieur au moineau commun ; il est un peu plus gros et d'une couleur plus claire ; il a aussi une tache jaune sur chaque épaule, et les plumes de sa queue sont rayées de blanc.

C'est dans l'intérieur de l'Afrique, à quelque distance du cap de Bonne-Espérance, que se trouve cet oiseau connu par son singulier instinct d'indiquer les nids des abeilles sauvages. Le matin et le soir sont les deux temps de la journée où il fait entendre son cri, *chirs*, *chirs*, qui est fort aigu, et semble appeler les chasseurs et autres personnes qui cherchent le miel dans le désert ; ceux-ci lui répondent d'un ton plus grave, en s'approchant toujours : dès qu'il les aperçoit, il va planer sur l'arbre creux où il connaît une ruche, et si les chasseurs tardent de s'y rendre, il redouble ses cris, vient au-devant d'eux, retourne à son arbre sur lequel il s'arrête et voltige, et qu'il leur indique d'une manière très-marquée; il n'oublie rien pour les exciter à profiter du petit trésor qu'il a découvert, et dont il ne peut apparemment jouir qu'avec l'aide de l'homme, soit parce que l'entrée de la ruche est trop étroite, soit par d'autres raisons qu'on ne sait pas. Tandis qu'on travaille à se saisir du miel, il se tient dans quelque buisson peu éloigné, observant avec intérêt ce qui se passe, et attendant sa part du butin qu'on ne manque jamais de lui laisser, mais point assez considérable pour le rassasier, et par conséquent risquer d'éteindre ou d'affaiblir son ardeur pour cette espèce de chasse.

Ce n'est point ici un conte de voyageur, c'est l'observation d'un homme éclairé, le docteur Sparrman, qui a assisté à la destruction de plusieurs républiques d'abeilles, trahies par ce petit espion. M. Bruce a démenti cette assertion d'une manière un peu sévère; mais M. Barrow (qui a voyagé dans l'intérieur de l'Afrique méridionale, en 1797 et 1798) confirme la relation du docteur Sparrman. « Tout le monde dans ce pays, dit-il, connaît trop bien le moroc pour douter de la faculté particulière qu'il a d'indiquer aux hommes les ruches d'abeilles. » Il dit encore qu'il indique

aux habitans avec autant de justesse les antres
des lions, des tigres et d'autres animaux féroces.
M. Le Vaillant dit que les Hottentots ont une
grande considération pour le moroc, à cause des
services qu'il leur rend; et qu'une fois qu'il voulait en tuer un, ils lui demandèrent d'épargner
sa vie en faveur de son utilité.

LE COUCOU D'AMÉRIQUE.

Cet oiseau est à peu de chose près de la grosseur
d'un merle; la partie supérieure du bec est noire,
celle de dessous jaune; les grandes pennes de
l'aile sont rouges; les petites ainsi que le dessus
du corps, la tête et le cou sont cendrés. Le dessous
du corps est blanc; la queue longue et mince est
composée de dix plumes, six grandes et quatre
petites. Les jambes sont courtes et fortes. Son cr
est différent de celui du coucou d'Europe. Cet
oiseau est solitaire; il habite les forêts les plus
sombres, et se retire aux approches de l'hiver.

LE COUCOU DU CAP.

Ce coucou est plus petit que celui de notre pays.
Il a le bec brun foncé; le dessus du corps d'un
vert brun; le dessous blanc, rayé transversalement de noir, et les pieds d'un brun rougeâtre.
Cet oiseau habite le cap de Bonne-Espérance, et
c'est probablement celui qu'on nomme *Édolio*,
parce qu'il prononce souvent ce mot d'un ton bas
et mélancolique. Les voyageurs parlent aussi d'un
coucou du royaume de Loango, en Afrique, qui
est de la même couleur que le nôtre, mais un peu
plus gros. Il répète aussi le même mot, *coucou*,
avec une inflexion de voix différente.

LE CUIL ou LE COUCOU SACRÉ.

Le cuil est un peu moins gros que le coucou ordinaire; la tête et le dessus du corps sont d'un cendré noirâtre, tacheté de blanc avec régularité; la
gorge et tout le dessous du corps blancs, rayés
transversalement de cendré. Ce coucou est en vénération sur la côte de Malabar, sans doute parce
qu'il se nourrit d'insectes nuisibles. La supersti-

tion en général est toujours une erreur, mais les superstitions particulières ont quelquefois un fondement raisonnable.

LE COUCOU DE LA JAMAÏQUE.

CET oiseau est un peu plus gros que le merle; il habite toute l'année les bois et les haies de la Jamaïque. On lui a donné le nom de *tacco*, parce qu'il prononce souvent ce mot. Il a encore un autre cri, *qua, qua, qua*, mais qu'il fait entendre seulement lorsqu'il est effrayé par la présence d'un chat, ou de quelque autre ennemi aussi dangereux. On lui donne aussi le nom d'*oiseau de pluie*, parce qu'il annonce la pluie prochaine, en redoublant ses cris. Il se nourrit de graines, de vers, de chenilles, de lézards, de petites couleuvres, de grenouilles, de jeunes rats, et quelquefois de petits oiseaux. Il est si peu farouche, que les petits nègres le prennent à la main. Son vol n'est jamais élevé; il saute d'un buisson à un autre; quelquefois il se pose à terre, où il sautille comme la pie.

Ces oiseaux se retirent, au temps de la ponte, dans les profondeurs des forêts, et s'y cachent si bien, que jamais personne n'a vu leur nid; on serait tenté de croire qu'ils n'en font point, et qu'à l'instar du coucou d'Europe, ils pondent dans le nid des autres oiseaux ; mais ils différeraient en cela de la plupart des coucous d'Amérique, qui font un nid et couvent eux-mêmes leurs œufs. Dans quelques variétés de cette espèce, les plumes de la gorge sont couvertes d'un duvet blanc, assez semblable à une barbe, ce qui a fait donner à ces oiseaux le nom de *vieillard*.

LE COUCOU BRILLANT.

Cet oiseau est de la taille d'une petite grive. Le bec est bleu ; le dessus du corps vert et doré ; le dessous blanc, rayé transversalement de vert et or ; le dessous des ailes presque entièrement blancs ; la queue brun foncé ; les jambes bleues. Il habite la nouvelle Zélande.

On compte encore trente-neuf espèces de coucous dans toutes les parties du monde. On doit parler de celle du coucou de Cayenne qui est de la grosseur du merle, et connu dans ce pays sous le nom de *piaye,* qui veut dire *diable.* Les naturels du pays le regardent comme un oiseau de mauvais augure, et ont une grande répugnance pour sa chair, qui d'ailleurs est très-mauvaise. Cet oiseau n'est pas farouche; il se laisse approcher et quelquefois prendre facilement.

CHAPITRE IX.

LE PIC VERT.

Le genre du pic est très-nombreux en espèces, qui varient par les couleurs, et diffèrent par la grandeur ; ces oiseaux sont répandus dans les quatre parties du monde ; ils habitent particulièrement les bois et les forêts.

Le pic vert est de la grosseur du geai ; le dessous du corps est d'un vert pâle, le dessus d'un vert plus foncé ; les grandes pennes des ailes sont tachetées à l'extrémité de jaune et de rouge ; le sommet de la tête est rouge, et la queue nuancée de vert foncé et de noir. Les ailes sont longues et ont dix-huit à vingt pouces d'envergure. Mais le caractère le plus distinctif de ce petit animal, c'est son bec et sa langue, qui lui servent de soutien et de défense.

Cet oiseau se nourrit d'insectes, particulièrement de ceux qui se trouvent dans les arbres creux ou vermoulus ; il grimpe aux arbres, qu'il frappe à coups de bec redoublés ; on dit qu'après quel-

ques coups de bec, il va de l'autre côté de l'arbre,
pour voir s'il l'a percé ; mais c'est plutôt pour recueillir sur l'écorce des insectes qu'il a réveillés et
mis en mouvement. Ce qui paraît encore plus certain, c'est que le son rendu par la partie du bois
qu'il frappe , semble lui faire connaître les endroits creux où se nichent les vers qu'il recherche,
ou bien une cavité dans laquelle il puisse se loger
lui-même et disposer son nid. C'est au cœur d'un
arbre vermoulu qu'il le place, à quinze ou vingt
pieds au-dessus de terre, et dans les arbres de bois
tendre, comme trembles ou marsauts, plus souvent que dans les chênes. Le mâle et la femelle
travaillent incessamment à percer la partie vive de
l'arbre, jusqu'à ce qu'ils rencontrent le centre ca-
rié ; ils le vident et le creusent, rejetant au dehors
avec les pieds les copeaux et la poussière du bois ;
ils sont si indolens, qu'ils ne prennent pas la peine
de tapisser leur nid. La ponte est ordinairement
de cinq œufs. Les petits ont , dans les premiers
temps, les plumes de la gorge rouges, ce qui
ajoute à leur beauté.

Le mécanisme de la langue du pic a été un sujet
d'admiration pour tous les naturalistes. La langue, proprement dite, est cette pointe osseuse
qui paraît n'en faire que l'extrémité ; ce que l'on
prend pour la langue, est l'os hyoïde lui-même,

engagé dans un fourreau membraneux et prolongé en arrière en deux longs rameaux d'abord osseux, puis cartilagineux, qui, après avoir embrassé la trachée-artère, fléchissent, se courbent sur la tête, se couchent dans une rainure tracée sur le crâne, et vont s'implanter dans le front à la racine du bec. Ce sont ces deux rameaux ou filets élastiques, garnis d'un appareil de ligamens et de muscles extenseurs et rétracteurs, qui fournissent à l'allongement et au jeu de cette espèce de langue. Tout le faisceau de cet appareil est enveloppé, comme dans une gaîne, d'une membrane qui est le prolongement de celle dont la mandibule inférieure du bec est tapissée, de manière qu'elle s'étend et se défile comme un ver lorsque l'os hyoïde s'élance, et qu'elle se ride et se replisse en anneaux quand cet os se retire. La pointe osseuse, qui tient seule la place de la véritable langue, est implantée immédiatement sur l'extrémité de cet os hyoïde, et recouverte d'un cornet écailleux, hérissé de petits crochets, tournés en arrière, et dont l'oiseau se sert comme d'un aiguillon pour retenir ou pour percer sa proie.

Le pic vert se tient souvent à terre, près des fourmilières. Il attend les fourmis au passage, couchant sa longue langue sur le petit sentier qu'elles ont coutume de tracer et de suivre à la

file ; et lorsqu'il la sent couverte de ces insectes,
il la retire pour les avaler ; mais si les fourmis ne
sont pas assez en mouvement, et lorsque le froid
les tient encore renfermées, il va sur la fourmi-
lière, l'ouvre avec les pieds et le bec, et s'établissant au milieu de la brêche qu'il vient de faire,
il les saisit et les avale à son aise.

On appelle aussi le pic, *oiseau de pluie*, parce
qu'on prétend qu'il prédit la pluie en faisant plus
de bruit qu'à l'ordinaire.

LE PIC NOIR.

Le pic noir pèse environ douze onces ; son plumage est entièrement noir, à l'exception du sommet de la tête qui est rouge ; la tête de la femelle
n'est marquée de rouge que par derrière. Le bec
est étroit, fort, angulaire, et pointu à l'extrémité.
Sa queue, composée de plumes roides, fléchies en
dedans, tronquées à la pointe, garnies de soies
rudes, lui sert de point d'appui dans l'attitude souvent renversée, qu'il est forcé de prendre pour
grimper et frapper avec avantage. Cet oiseau est
assez fort pour percer les arbres les plus durs. Il
fait son nid dans le creux qu'il a formé. La fe-

melle pond deux ou trois œufs blancs. Son cri est très-désagréable. Il habite la Suisse, l'Allemagne, et d'autres pays septentrionaux, qu'il quitte l'hiver; on le trouve rarement en Angleterre. Il se nourrit d'insectes, qu'il cherche dans les arbres, de la même manière que le pic vert.

———

LE GRAND PIC NOIR A BEC BLANC.

CETTE espèce de pic est de la grosseur d'une corneille. Son bec, d'un blanc d'ivoire, est long de trois pouces, et cannelé; sa tête est ornée par derrière d'une grande huppe écarlate, divisée comme en deux touffes, dont l'une est tombante sur le cou, et l'autre relevée : celle-ci est couverte par de longs filets noirs, qui partent du sommet de la tête, qu'ils recouvrent en entier, car les plumes écarlates ne prennent qu'en arrière; une raie blanche, descendant sur le côté du cou et faisant un angle sur l'épaule, va se rejoindre au blanc qui couvre le bas du dos et les pennes moyennes de l'aile; tout le reste du plumage est d'un noir pur et profond. Cet oiseau se trouve dans la Caroline, la Virginie, et quelques autres parties de l'Amérique méridionale. Les Espagnols l'ont appelé *charpentier*, parce que le bruit qu'il fait avec son bec en frappant les arbres ressemble beaucoup, à une certaine distance, à celui que font les charpentiers. On trouve souvent au pied d'un arbre un boisseau de copeaux, qui est le résultat des travaux de ce pic. Il creuse son nid dans les plus gros arbres, et fait sa couvée dans la saison des pluies.

Catesby dit que les Américains des contrées septentrionales font, avec les becs de ces pics, des couronnes pour leurs guerriers; et comme ils n'ont point de ces oiseaux dans leur pays, ils les achètent des habitans du sud, et donnent jusqu'à trois peaux de chevreuil pour un bec de pic.

LE PIC NOIR A HUPPE ROUGE.

Cette espèce a neuf pouces de long : le bec, couleur de plomb, tacheté de noir à sa naissance, a un pouce un quart de longueur; la tête et le cou sont rouges, le dos et les ailes noirs; le croupion, la poitrine et le ventre blancs, la queue noire et blanche.

Le pic à huppe rouge est un oiseau assez commun; il est très-nuisible aux champs de maïs, où il pique les épis, pour y chercher (à ce que l'on croit) de petits vers cachés dans les enveloppes , et aux vergers, où il détruit beaucoup de pommes. Il y a des années où ces oiseaux sont très-nombreux.

Dans quelques pays on avait mis leur tête à prix , dans l'espoir d'exterminer cette race malfaisante; mais depuis long-temps cet usage n'existe plus.

Ces oiseaux, comme les autres espèces, pratiquent des creux dans les arbres, pour y bâtir leur nid. On prétend que le bruit qu'ils font sur le bois avec leur bec s'entend de très-loin. Ils se familiarisent en hiver, et viennent souvent dans les maisons, ainsi que le rouge-gorge en Angleterre. Quelques peuples trouvent leur chair bonne et la mangent. Ils habitent toute l'année la Louisiane, la Caroline et la Virginie; mais on en voit davantage l'été que l'hiver.

L'ÉPEICHE ou LE GRAND PIC VARIÉ.

Cet oiseau pèse rarement plus de trois onces : il a quatorze pouces d'envergure ; le bec, d'un pouce de long, est noir, cannelé, et se termine en pointe. La langue est la même que celle du pic vert. L'iris de l'œil est rouge. Le sommet de la tête est noir, avec une bande rouge sur l'occiput, et la coiffe se termine sur le cou par une pointe noire ; de là partent deux rameaux noirs, dont une branche de chaque côté remonte à la racine du bec, y trace une moustache, et l'autre, descendant au bas du cou, le garnit d'un collier : ce trait noir s'engage vers l'épaule, dans la pièce noire qui occupe le milieu du dos ; deux grandes plaques blanches couvrent les épaules ; dans l'aile, les grandes pennes sont brunes, les autres noires et mêlées de blanc ; le dessous de l'aile est blanc.

La queue, de trois pouces de long, est forte et roide, l'extrémité est fourchue et courbée en dedans. Les dernières plumes de chaque côté sont noires, tachetées de blanc. Cet oiseau se nourrit de la même manière que le précédent.

LE PETIT ÉPEICHE.

Ce pic serait en tout un diminutif de l'épeiche, s'il n'en différait pas par le devant du corps, qui est d'un blanc sale ou même gris, et par le manque de rouge sous la queue et de blanc sur les épaules. Du reste, tous les autres caractères sont semblables. Dans ce petit épeiche, comme dans le grand, le rouge ne se voit que sur la tête du mâle. Cet oiseau n'a que dix pouces d'envergure, et ne pèse qu'une once.

———

L'ÉPEICHE QUI SE SUSPEND AUX ARBRES.

Cet oiseau curieux se trouve en Allemagne, en Italie, et quelquefois dans le midi de la France, aux mois de mars et d'avril. On l'appelle aussi le *merle doré*. Son plumage est mêlé de bleu et de vert sur tout le corps. Son bec est noir, et il a de chaque côté, entre le bec et les yeux, une tache noire. Les grandes pennes de l'aile de la femelle sont noires, tachetées de blanc à l'extrémité.

Pline dit que ces oiseaux se suspendent par les

pieds aux branches d'arbres, et qu'ils dorment ainsi la tête en bas; que leur nourriture est la même que celle du pic commun, en y ajoutant les figues, qu'ils aiment beaucoup; et qu'ils bâtissent leur nid sur des arbres très-hauts, à l'extrémité d'une branche. Ces nids sont si bien construits, qu'ils sont parfaitement à l'abri de la pluie et du vent : il n'y a qu'un petit trou pour laisser aux parens la place d'aller et de venir.

Dans la Guinée et le Brésil, le pic compose son nid d'une espèce de mousse, qu'il unit et consolide avec de la glu qu'il retire des arbres. Ce nid est suspendu à l'extrémité d'une branche, et n'a qu'un petit trou sur le côté pour laisser passer l'oiseau.

« Il n'y a rien de plus singulier, dit un auteur moderne, que l'intelligence avec laquelle ces petits oiseaux savent se mettre à l'abri de leurs ennemis. Dans ces forêts solitaires et reculées, ils n'ont rien à redouter de l'homme, qu'on n'y voit presque jamais; ils ne songent qu'à garantir leur nid des attentats du singe et du serpent; pour cet effet, ils le placent à l'extrémité des branches les plus hautes des arbres élevés, tels que le bananier ou le platane. Ces arbres immenses offrent souvent l'assemblage le plus curieux et le plus bizarre d'animaux qui ne paraissent pas devoir être réunis : le sommet est occupé par des singes d'une espèce particulière qui chassent tous ceux qui voudraient s'établir parmi eux ; un nombre infini de gros serpens entourent le tronc, attendant avec patience que quelque animal imprudent vienne tomber en leur pouvoir ; enfin, les branches sont ornées de tous ces petits nids ingénieux, qui contiennent des oiseaux du plumage le plus délicieux. »

Le plumage de ceux qui habitent sous le tropique varie extrêmement.

LA SITELLE , VULGAIREMENT APPELÉE TORCHE-POT.

IL y a plusieurs espèces de cet oiseau, mais on n'en trouve qu'une en Angleterre ; elle a cinq pouces trois quarts de long. Le bec, fort et droit, a trois quarts de pouce de longueur; la partie supérieure est noire, celle de dessous blanche. La langue est courte, et a l'extrémité cornue et dentelée. Le dessus du corps est bleu cendré ; la gorge et les joues blanchâtres ; la poitrine et le ventre orangés. La queue, courte, est composée de douze plumes; les deux du milieu sont grises ; les deux dernières de chaque côté tachetées de blanc, les autres

brunes. Les jambes sont d'un jaune pâle. Les ongles, forts, sont placés, trois en avant, et un par
derrière plus fort que les autres.

Cet oiseau est sauvage et solitaire ; il habite les
bois, grimpe aux arbres et perche aussi dessus. Il
a dans la queue un mouvement alternatif de haut
en bas, comme les lavandières. Sa nourriture consiste en toutes sortes d'insectes, chenilles, scarabées, et en noix et noisettes qu'il aime beaucoup.
Il les fixe solidement dans une fente d'arbre, et
perce la coquille avec son bec. Le docteur Plots
prétend que, lorsque la sitelle met son bec dans
une fente d'arbre, elle produit un son si fort,
qu'on croirait que l'arbre éclate en deux.

Ces oiseaux établissent leur nid dans un trou
d'arbre, et s'ils n'en trouvent pas qui leur con-
vienne, ils en font un à coups de bec, pourvu que
le bois soit vermoulu ; si l'ouverture extérieure
de ce trou est trop large, ils la rétrécissent avec
de la terre grasse. La femelle pond six ou sept
œufs ; elle les couve avec beaucoup d'assiduité,
et elle y est tellement attachée, qu'elle se laisse arracher les plumes, plutôt que de les abandonner.
Si l'on passe une baguette dans son trou, elle
s'enfle et siffle comme un serpent. Elle ne quitte
pas même ses œufs pour aller à la pâture, elle attend que son mâle lui rapporte à manger, et il pa-

raît remplir ce devoir avec affection. La chair des petits est excellente, surtout quand ils sont gras.

La sitelle ne passe guère d'un pays à l'autre; elle se tient, l'hiver comme l'été, dans celui qui l'a vue naître; seulement en hiver, elle s'approche des lieux habités, et vient quelquefois jusque daus les vergers et les jardins. On croit qu'elle ne se perche point sur une branche pour dormir (comme les oiseaux en général); car on a remarqué que, dans une cage, au lieu de se tenir sur les bâtons, elle passait la nuit sur le plancher; ou si quelquefois elle s'accroche, c'est rarement dans la situation qui semble la plus naturelle, c'est-à-dire, la tête en haut, mais presque toujours en travers, et même la tête en bas.

On a donné à cet oiseau les noms de *tappe-bois*, *casse-noix*, etc. et bien d'autres qui dérivent de son goût pour les noix et les noisettes. Il a beaucoup de rapports avec le pic.

LA HUPPE.

CET oiseau a douze pouces de longueur et dix-neuf d'envergure. Le bec, d'environ deux pouces de long, est noir, mince, et légèrement courbé ; la langue très-courte est triangulaire ; les yeux sont de couleur noisette. La tête est ornée d'une huppe faite d'un double rang de plumes couleur orange, bordées de noir ; cette touffe a ordinairement deux pouces de haut : naturellement couchée en arrière, elle ne se relève que lorsque l'oiseau est surpris ou irrité. Le cou est brun-rouge pâle ; la poitrine et le ventre sont blancs ; le dos, les ailes, sont rayés alternativement de blanc et de noir ; le croupion est blanc ; la queue, qui a la forme d'un croissant lorsqu'elle est fermée, est composée de dix plumes, chacune tachetée de blanc ; les jambes sont courtes et noires.

On ne trouve qu'une espèce de cet oiseau en Angleterre ; encore est-elle très-rare, et on ne la voit jamais à une époque fixe.

On dit que la femelle fait deux ou trois pontes par an ; elle ne bâtit pas de nid, mais dépose ses œufs (au nombre de quatre ou cinq) dans le creux d'un arbre, quelquefois dans le trou d'une muraille, et même sur la terre. Buffon dit pourtant qu'il a trouvé plusieurs nids de ces oiseaux garnis de mousse, de laine, et il croit qu'en général ils s'emparent de nids tout faits et abandonnés.

La huppe se nourrit principalement de toutes sortes d'insectes. Cet oiseau est solitaire; on en voit rarement deux ensemble. En Égypte, où il y en a un grand nombre, ils ne vont jamais que par petites troupes.

LE GRIMPEREAU.

Cet oiseau est très-petit, et ne pèse ordinairement que cinq drachmes; il paraît un peu plus gros qu'il ne l'est en effet, parce que ses plumes au lieu d'être couchées régulièrement les unes sur les autres, sont le plus souvent hérissées et en désordre, et que d'ailleurs elles sont fort longues.

Le grimpereau a la gorge d'un blanc pur, mais qui prend communément une teinte roussâtre, toujours plus foncée sur les flancs et les parties qui s'éloignent de la gorge (quelquefois tout le dessous du corps est blanc); le dessus varié de roux, de blanc et de noirâtre; ces différentes couleurs plus ou moins pures, plus ou moins foncées;

la tête d'une teinte plus rembrunie ; le tour des yeux et des sourcils blancs ; le croupion roux ; les pennes des ailes brunes, les trois premières bordées de gris, les quatorze suivantes marquées d'une tache blanchâtre, d'où résulte sur l'aile une bande transversale de cette couleur. Le bec long, faible et courbé, est brun dessus, blanchâtre dessous ; les jambes sont courtes et brunes ; les ongles, forts, aigus et crochus, sont très-propres pour grimper en tous sens sur les arbres, où ces oiseaux vont chercher des insectes, qui sont leur principale nourriture. Quoique le grimpereau soit très-commun, il est difficile de le voir, parce qu'au moindre bruit qu'il entend il se sauve promptement au côté opposée de l'arbre. Il bâtit son nid tout au commencement du printemps, dans un trou d'arbre. La femelle pond cinq ou six œufs cendrés, marqués de points et de traits d'une couleur plus foncée-

Cet oiseau se trouve en Europe et en Asie ; il est aussi très-commun dans quelques parties de l'Amérique septentrionale , particulièrement dans les environs de Philadelphie. On l'avait rendu utile dans les États-Unis , en établissant au fond d'un jardin une petite boîte, dans laquelle il faisait son nid ; car pour nourrir ses petits il détruisait une grande quantité d'insectes nuisible.

Un gentilhomme, qui avait fait un établissement de cette espèce dans son jardin, remarqua que ces oiseaux sortaient alternativement du nid, et repportaient des insectes cinquante ou soixante fois dans l'espace d'une heure. Cette occupation durait presque toute la journée. En supposant qu'ils veuillent la continuer pendant douze heures, et que chaque oiseau apporte chaque fois un insecte, une seule paire de ces oiseaux pourrait détruire six cents insectes par jour ; mais il est probable qu'ils en apportent plusieurs à la fois.

LE GRIMPEREAU ROUGE.

Cet oiseau est plus petit que l'espèce ci-dessus ; il est remarquable par son nid, qu'il fait avec beaucoup d'art, en dehors de grosse paille et des brins d'herbe un peu fermes ; en dedans de matériaux plus mollets et plus doux ; il lui donne à peu près la forme d'une cornue ; il le suspend par sa base à l'extrémité d'une branche faible et mobile ; l'ouverture est tournée du côté de la terre : par cette ouverture l'oiseau entre dans le col de la cornue, qui est presque droit et de la longueur d'un pied, et il grimpe jusqu'au ventre de cette même cornue, qui est le vrai nid. La couvée et la couveuse y sont à l'abri des araignées, des lézards, et de tous leurs ennemis. Ce nid est si léger, que le moindre zéphyr suffit pour le balancer dans les airs.

Cet oiseau se trouve dans la nouvelle-Espagne, et se nourrit d'insectes comme les autres espèces de grimpereaux.

CHAPITRE X.

———

LA GRIVE.

Il y a quatre ou cinq espèces de cet oiseau : toutes ont le bec mince, un peu courbé à l'extrémité,
et légèrement échancré; l'intérieur de ce bec est
jaune, et sa base est couverte de quelques poils
ou soies noires dirigées en avant; les narines sont
ovales, et presque toujours nues; la langue est
dentelée; la partie supérieure du corps d'un brun
foncé, la partie inférieure plus claire et grivelée.
La longueur de l'individu varie, d'une espèce à
l'autre, de huit à onze pouces.

La *grive chanteuse* mérite d'être distinguée par
la pureté de sa voix : son chant, qui plaît par sa
douceur et sa variété, commence au printemps
de très-bonne heure, et dure une grande partie
de l'été.

Quoique la grive ne soit pas regardée en Angleterre comme oiseau de passage, cependant il y a
des endroits où l'on en voit moins en hiver qu'au

printemps et dans l'été; ce qui fait présumer qu'elle se réfugie dans le fond des bois. Il paraît qu'elle ne passe pas toute l'année en France, ni dans quelques autres parties du continent; car M. de Buffon dit que ces oiseaux paraissent en Bourgogne à la saison des vendanges, et quittent le pays au commencement de l'hiver.

Les grives bâtissent leur nid dans les bois ou les vergers, et quelquefois dans les buissons : elles le revêtissent par dehors de mousse, de paille, de feuilles sèches; le dedans est fait d'une espèce de carton assez ferme, composé de boue mouillée, gâchée et battue, fortifiée avec des brins de paille et de petites racines : lorsque l'intérieur est entièrement sec, elles y déposent leurs œufs au nombre de cinq ou six, d'un bleu-vert, tachetés de noir, principalement au gros bout. Ces oiseaux s'apparient au commencement du printemps, et ont coutume de faire deux pontes par an, et même une troisième, lorsque les premières ne sont pas venues à bien. Il est difficile, dans cette espèce, de distinguer le mâle de la femelle, soit par la grosseur, qui est égale dans les deux sexes, soit par le plumage, dont les couleurs sont extrêmement variables.

Chaque couvée va séparément sous la conduite des père et mère; quelquefois plusieurs couvées

se rencontrant dans les bois, on pourrait penser,
à les voir ainsi rassemblées, qu'elles vont par
troupes nombreuses ; mais leurs réunions sont
momentanées : bientôt on les voit se diviser en
autant de petits pelotons qu'il y avait de familles,
et même se disperser absolument lorsque les petits sont assez forts pour aller seuls.

La grive chante aussi en captivité. « Une personne de ma conaissance, dit Sonnini, avait une
grive qu'elle gardait depuis huit ans : elle était
familière au point de suivre sa maîtresse ; elle
chantait extrêmement bien, et dans différens
tons ; on la nourrissait d'une pâtée faite de mie
de pain et de navette. Elle en consommait cin-
quante-deux livres par an. Cette grive était sujette
à la goutte ; ses jambes enflaient, et elle paraissait souffrir beaucoup. Ses accès lui duraient plusieurs jours. Néanmoins elle mourut par accident, et non pas de maladie. »

Quoique le mâle et la femelle se ressemblent
pour la taille et la couleur, cependant on a remarqué que, dans le premier, les couleurs sont plus
nettes et plus vives. Il en est de même pour tous
les oiseaux.

La grive est un excellent manger, surtout lorsqu'elle est jeune et grasse.

LA DRAINE.

Cette grive diffère de toutes les autres par sa grandeur : elle a onze pouces de long depuis le bout du bec jusqu'à l'extrémité de la queue ; le dessus de la tête, du cou et tout le corps est d'un gris-brun, quelquefois mêlé de rouge vers le croupion ; les côtés de la tête, la gorge et le dessous du corps sont d'un blanc jaunâtre tacheté de noir ; les plumes des ailes sont brunes, celles de la queue de même, avec des taches blanches ; la base du bec est jaune, le reste brun ; les jambes sont jaunes et les ongles noirs. Ces oiseaux se trouvent dans plusieurs parties de l'Europe ; et quoique dans quelques lieux ils soient oiseaux de passage, ils demeurent toute l'année en Angleterre.

Les draines établissent leur nid tantôt sur des arbres de hauteur médiocre, tantôt sur la cime des plus grands arbres, préférant ceux qui sont le plus garnis de mousse ; elles le construisent, tant en dehors qu'en dedans, avec des feuilles, des herbes et de la mousse. Ce nid ressemble moins à ceux des autres grives qu'à celui du merle, ne fût-ce qu'en ce qu'il est matelassé en dedans. Elles produisent à chaque ponte quatre ou cinq œufs gris tachetés, et nourrissent leurs petits avec des chenilles, des vermisseaux, des limaces, et même des limaçons, dont elles cassent la coquille. Pour elles, elles mangent toutes sortes de baies dans la bonne saison, des cerises, des raisins, des alizes, etc.; pendant l'hiver, des graines de genièvre, de houx, de lierre, de la faine, mais particulièrement du gui.

Leur cri d'inquiétude est *tré, tré, tré*, d'où paraît formé leur nom bourguignon *draine*. Le mâle a la voix très-agréable; il chante de très-bonne heure au printemps, et se place pour cela à la cime des arbres les plus élevés. La seule différence qu'il y ait entre le mâle et la femelle, c'est que le premier a plus de noir dans le plumage.

M. de Montbeillard (le collaborateur de M. de Buffon) dit que les draines sont douces et pacifiques. M. Le Vaillant contredit cette opinion, et prétend que c'est un des oiseaux les plus vifs et les plus querelleurs; qu'elles se battent non-seulement entre elles, mais qu'elles attaquent même des oiseaux beaucoup plus forts qu'elles, tels que le faucon, le busard et le milan : cependant quand l'ennemi est formidable, elles se mettent plusieurs contre lui. Le même naturaliste raconte qu'il fut témoin d'un combat entre dix draines et un aigle, dans lequel ce dernier fut battu et mis en fuite.

Il y a une autre sorte de grive en Angleterre, appelée *grive de bruyère,* parce qu'elle y bâtit son nid : elle est d'une couleur plus foncée que les autres grives, et très-estimée par son chant.

LE GRYLLIVORE.

CETTE nouvelle espèce ne se trouve que dans l'intérieur de l'Afrique méridionale, et dans les lieux où les sauterelles abondent. M. Barrow lui a donné le nom spécifique de gryllivore. Cet oiseau ne se nourrit que de sauterelles. Il a la tête, la poitrine et le dos cendrés, le croupion blanc ; les ailes sont noires, ainsi que la queue, qui est courte et un peu fourchue. On remarque sous l'œil et au-delà une place nue couleur de soufre; le dessous de la gorge a aussi deux taches nues et noires.

La Providence semble avoir placé cet oiseau dans les pays infestés de sauterelles, pour délivrer les habitans de ces insectes nuisibles. Le nid du gryllivore paraît très-grand à une certaine distance ; mais en l'examinant de près, on voit qu'il est divisé par petites cellules, formant chacune un nid séparé; il y en a quelquefois jusqu'à vingt : le tout est recouvert de jeunes branches entrelacées comme sur le nid de la pie.

LA LINOTTE.

Cet oiseau, universellement admiré pour la mélodie de sa voix, a cinq pouces et demi de longueur, et pèse ordinairement dix drachmes : le bec est bleu tirant sur le gris ; les yeux sont de couleur noisette ; le dessus du corps d'un rouge brun, le dessous d'un blanc roussâtre ; la poitrine est plus foncée, et devient rouge au printemps ; presque toutes les pennes des ailes et de la queue sont noires, bordées de blanc ; la queue est un peu fourchue ; les jambes sont brunes.

La linotte est très-estimée pour la douceur de sa voix ; et plusieurs personnes préfèrent son chant à celui de beaucoup d'autres oiseaux plus célèbres : prise dans le nid, elle apprend facilement à siffler et à chanter les airs qu'on veut, on en a vu même prononcer très-distinctement quelques mots.

La linotte mâle, vieille ou jeune, se reconnaît aux plumes du dos, qui sont plus foncées, et aux bordures blanches de celles de la queue, plus larges que dans la femelle.

Ces oiseaux nichent ordinairement dans les buissons, les haies, et quelquefois sur des groseillers ou des genévriers ; ils font un joli nid, composé de petites racines, de feuilles et de mousse au-dehors, d'un peu de plumes, de crin, et de beaucoup de laine au-dedans. La ponte est communément de quatre ou cinq œufs blancs, tachetés de rouge brun au gros bout ; elle a ordinairement lieu dans le milieu du mois d'avril ou au commencement du mois de mai. Lorsqu'on veut élever les petits, on peut les prendre dix jours après qu'ils sont éclos, en ayant soin de les tenir chaudement, proprement, et de leur donner à manger de deux en deux heures. On les nourrit d'abord avec du gruau d'avoine et de la navette broyée dans du lait ou de l'eau sucrée; mais au bout de six semaines, on peut leur donner du mil-let et de la navette : c'est pour eux ce qu'il y a de meilleur. Ces oiseaux aiment particulièrement la graine de lin; ce qui leur a fait donner le nom de linottes.

Lorsque les couvées sont finies, et la famille élevée, les linottes vont par troupes nombreuses, qui commencent à se former vers la fin d'août, temps auquel le chènevis parvient à sa maturité. A cette époque, on en prend quelquefois soixante d'un seul coup de filet; et comme elles s'apprivoisent promptement, il est à peu près inutile de les retirer du nid pour les élever. Navaretti, dans son ouvrage sur la Chine, parle d'un oiseau semblable à la linotte, que les naturels du pays élèvent au combat à peu près comme le coq d'Europe.

———

LE CHARDONNERET.

Ce charmant petit oiseau est également recherché pour l'agrément de son chant et la beauté de son plumage ; il a ordinairement cinq pouces et demi de longueur, et pèse environ une once. Son bec, mince et un peu crochu, est cendré ; ses yeux sont de couleur noisette. Un rang de plumes écarlates entoure la base du bec, les joues sont blanches, le sommet de la tête est noir, d'où part de chaque côté, jusqu'au cou, une large ligne noire, le derrière de la tête est blanc ; le cou, le dos, sont rouge-cendré, ainsi que la poitrine, les côtés et le croupion ; le ventre est blanchâtre ; les plumes des ailes et de la queue sont noires, mais presque toutes se terminent par une pointe blanche, et les ailes sont traversées d'une belle raie jaune.

La femelle a moins de rouge que le mâle, et n'a point du tout de noir. En général, les couleurs du mâle sont plus vives et plus brillantes, ce qui, à tout âge, peut le faire distinguer de la femelle.

Ces oiseaux vivent très-long-temps, il n'est pas

rare de les voir atteindre l'âge de vingt ans. Willoughby en cite un qui vécut vingt-trois ans. Ils vont par troupes nombreuses, et se nourrissent de graines de chardon, de chanvre, de chicorée sauvage, etc.

Les chardonnerets sont, avec les pinçons, les oiseaux qui savent le mieux construire leur nid, en rendre le tissu plus solide, lui donner une forme plus arrondie, et pour ainsi dire plus élégante: les matériaux qu'ils y emploient sont, pour le dehors, la mousse fine, les lichens, les joncs, les petites racines, tout cela entrelacé avec art; et pour l'intérieur, l'herbe sèche, le crin, la laine et le duvet. Ils le posent communément sur des arbres fruitiers, choisissant les branches faibles et qui ont beaucoup de mouvement: par ce moyen, leur nid est toujours en sûreté, car on se hasarde rarement à les prendre, de peur d'endommager les fleurs et les fruits. Ils nichent aussi quelquefois dans les taillis et les buissons épineux. Leurs œufs, au nombre de cinq ou six, sont blancs, tacheté de rouge-brun.

Quoique ces oiseaux soient vigoureux, et qu'il leur arrive peu d'être malades, cependant ils sont délicats à élever, et on ne doit pas les ôter du nid qu'ils n'aient toutes leurs plumes. On les nourrit, ainsi que les linottes, avec une pâtée de navette broyée dans du lait, jusqu'à ce qu'ils soient assez forts pour manger seuls. La navette, le millet, les graines de chardon sont la nourriture qui leur convient.

On en prend une grande quantité dans les mois de juin, juillet et août, avec des trappes et des filets ; il s'apprivoisent promptement, et leur docilité, leur intelligence, sont étonnantes. On apprend à cet oiseau (sans beaucoup de peine) à exécuter divers mouvemens avec précision, à faire le mort, à mettre le feu à un pétard, et à tirer de petits seaux qui contiennent son boire et son manger ; mais, pour lui apprendre ce dernier exercice, il faut savoir *l'habiller*. Son habillement consiste en une petite bande de cuir doux, de deux lignes de large, percée de quatre trous, par lesquels on fait passer les ailes et les pieds, et dont les deux bouts, se rejoignant sous le ventre, sont maintenus par un anneau auquel s'attache la chaîne du petit galérien. Dans la solitude où il se trouve, il prend plaisir à se regarder dans le miroir de sa galère, croyant voir un autre oiseau de son espèce ; on prétend même qu'il s'en sert pour faire sa toilette, et qu'il nettoie et range ses plumes avec une coquetterie divertissante.

LE SERIN DES CANARIES.

CET oiseau était originairement particulier aux
îls dont il porte le nom : il a été apporté en Europe environ au quatorzième siècle ; mais maintenant on l'y élève avec tant de facilité , qu'on peut
dire qu'il est naturalisé. Il a cinq pouces et demi de
longueur, le bec couleur de chair pâle, ainsi que les
jambes ; le plumage est en général jaune, plus ou
moins mêlé de gris , et, dans quelques individus de
brun sur les parties supérieures du corps.

Buffon compte vingt-neuf variétés de serins ,
auxquelles on pourrait encore en ajouter quelques-unes. Ces charmans oiseaux sont bons maris ,
bons pères, et d'un caractère si doux , d'un naturel si heureux , qu'ils sont susceptibles de toutes
les bonnes impressions , et doués des meilleures
inclinations : ils récréent sans cesse leur femelle
par leur chant ; ils la soulagent dans la pénible
assiduité de couver ; ils l'invitent à changer de
situation , à leur céder la place , et couvent eux-
mêmes tous les jours pendant quelques heures ;
ils nourrissent aussi leurs petits, et enfin apprennent tout ce qu'on veut leur montrer. Le serin
peut s'unir au verdier, au chardonneret, à la linotte , au pinson , et même au moineau.

Le docteur Darvin dit qu'il a vu un serin qui avait une attaque d'épilepsie chaque fois qu'on nettoyait sa cage ; il demeurait privé de sentiment pendant une demi-heure, et revenait ensuite à lui peu à peu.

Il parait à peu près certain que le chant du serin de Canarie est composé de celui de la farlouse et du rossignol. M. Barrington dit qu'il a vu deux de ces oiseaux venant des îles Canaries, qui ne chantaient point du tout ; une grande partie de ceux qui viennent du Tyrol sont instruits par un rossignol. Cependant le chant des serins d'Angleterre approche davantage de celui de la farlouse.

Louis XV avait un serin de Canarie qui chantait dix ou douze airs de flageolet et quelques préludes en perfection. En 1760, on voyait à la foire Saint-Germain, des serins savans, qui distinguaient les couleurs, assortissaient les nuances de toutes les étoffes qu'on leur montrait, et marquaient avec des chiffres détachés, l'heure de la montre qu'on leur présentait. En 1813, on a vu à Paris des serins guerriers, se tenir fort tranquillement sur une caisse où l'on battait la charge ; faire sentinelle, affublés d'un bonnet de grenadier, ayant un sabre et une giberne sur le dos, et tenant un fusil entre leurs pattes. Leur maître était parvenu à leur faire jouer la scène suivante : l'une des sentinelles, lasse de faire faction, jette de côté tout l'équipement, et déserte son poste. Rattrappée par son maître, le déserteur est condamné à être passé par les armes; il fait ses adieux à toute la société; on lui bande les yeux; un canon est braqué sur lui; un de ses camarades y met le feu : sitôt l'explosion, le déserteur tombe à la renverse, comme s'il était tué roide; alors un autre serin le traîne dans une brouette pour le mener à la sépulture. Mais à peine sont-ils hors du camp, que le déserteur se relève, et semble, par ses chants joyeux, se féliciter d'avoir pu échapper au péril.

On ne savait lequel on devait admirer le plus, ou de la patience de celui qui avait pu instruire à ce point ces petits oiseaux, ou de l'intelligence et de la docilité de ces serins intéressans.

A l'occasion des serins instruits, nous citerons une anecdote qui se rattache à la captivité du jeune Louis XVII, lorsque ce royal enfant se trouvait confié à la garde du cordonnier Simon, dans la tour du Temple. Il y avait dans le garde-meuble de cette ancienne maison royale, une cage extrêmement curieuse, où se trouvait un serin artificiel qu'une mécanique ingénieuse mettait en action; on voyait le petit oiseau s'agiter, battre des ailes, et on lui entendait chanter la marche du roi. Simon remit ce précieux joujou entre les

mains du captif, pour qui ce fut une agréable dis-
traction pendant un certain temps. Cela lui donna
le désir de posséder d'autres oiseaux dans cette
jolie cage qui était très-grande. Simon ne demanda
pas mieux que de le contenter; il ne s'amusait
pas toujours lui-même dans cette prison, quoiqu'il
fût le maître d'y jurer, sacrer, blasphêmer tout
à son aise. Il chargea donc l'économe de la maison de se procurer une douzaine d'oiseaux. Celui-ci
n'eut pas de peine à les trouver dans les environs
du Temple; l'objet de sa démarche étant connu, .
chacun s'empressa d'offrir les siens : « C'est, disait-
» on, pour le pauvre petit prisonnier, pour le
» malheureux fils de l'infortuné Louis XVI; nous
» donnerions tout ce que nous possédons pour
» lui être agréable ! »

En peu de temps le nombre désigné fut plus
que rempli ; c'étaient des serins charmans, privés,
chantant à merveille différens airs de serinette.
Que de soins leur prodigue l'enfant-roi ! Ces petits
animaux semblent s'attendrir sur ses malheurs, et
chercher à les lui faire oublier par leurs chants
et leurs caresses. Jamais oiseaux ne furent mieux
nourris, jamais oiseaux ne furent mieux aimés.
Dans le nombre il y en avait un que le prince
affectionnait plus que les autres. Dès que la cage
était ouverte, le serin s'élançait pour venir se

percher sur le doigt du royal enfant ; là , il se balançait , s'agitait , et chantait l'air de la marche du roi qu'il avait promptement apprise , puis il becquetait doucement les lèvres du prince, prenait délicatement de la nourriture dans sa bouche, et le payait toujours de ses soins par ses chants doux et variés. Le jeune prisonnier, pour mieux le reconnaître, pour lui donner une marque de distinction, lui attacha une petite faveur rose à la patte ; l'oiseau semblait fière de son savoir et de la prédilection qu'on lui accordait, c'était le roi des habitans de la volière.

Un jour que l'Auguste orphelin se livrait à ses innocens plaisirs , plusieurs municipaux envoyés par le conseil-général de la commune , vinrent faire une visite au Temple pour s'assurer de la présence du jeune captif ; car on savait que des Français, fidèles à la royauté , ne craignaient point d'exposer leur vie en faisant des tentatives pour enlever le fils de Louis XVI, de l'affreux séjour où il était retenu. Au moment où ils entrèrent dans la chambre du prisonnier, ils le virent entouré de ses oiseaux ; le serin artificiel chantait la marche du roi, et le petit favori du prince, perché sur son doigt, chantant le même air, semblait vouloir effacer la voix de son rival. « Qu'est-ce » là, s'écrie un municipal révolutionnaire forcené ?

» Quoi ! l'on fait chanter à des oiseaux un air
» proscrit, rappeler à des idées contraires à l'é-
» galité ! Et que signifie cette faveur attachée à
» la patte de ce serin ? Cela marque une dis-
» tinction et une préférence que les républicains
» ne doivent pas souffrir. » Tout-à-coup il s'empare de l'oiseau, lui arrache la faveur, et le jette
brusquement dans la cage en jurant qu'il va faire
son rapport, et que la cage et les oiseaux dis-
paraîtront dans une heure.

Qu'on imagine, s'il est possible, la douleur du
jeune prisonnier, qui s'augmente encore de la fureur où entre son gardien, en se reprochant avec
des juremens affreux d'avoir eu trop de condes-
cendance pour lui, et de n'avoir pas assez fait
attention aux idées de privilège qu'il apportait encore dans ses jeux. Un instant après on vient enlever les oiseaux et la cage ; et le jeune roi, livré
de rechef à lui-même, morne, silencieux, abattu,
désolé, refusa obstinément pendant quelques
jours, la nourriture qu'on lui présenta. Long-temps
il pleura la perte de ses oiseaux, ses amours et ses
délices, ses oiseaux dont les caresses adoucis-
saient du moins les horreurs d'une dure captivité.

LE ROSSIGNOL.

Cet admirable chanteur n'est point remarquable par la variété ou la richesse de son plumage ; le dessus de son corps est d'un brun-rouge mêlé d'olivâtre : le dessus est cendré, presque blanc à la gorge et au ventre. Sa longueur est de six pouces. Les rossignols ne passent point toute l'année en Angleterre ; ils arrivent à la fin du mois de mars ou au commencement du mois d'avril, et s'en retournent à celui de septembre ou octobre, mais on ne sait pas précisément dans quel lieu ils passent l'hiver.

Une chose qui mérite d'être remarquée, c'est que les brillans oiseaux de l'Amérique sont presque tous privés de l'agrément du chant, qui donne un charme particulier aux champs et aux bosquets d'Europe. Le rossignol, à cet égard, possède un degré de supériorité qu'aucun autre oiseau ne saurait lui contester. Il est certain qu'une des raisons qui le rendent remarquable, c'est, comme dit très-bien M. Barrington, que chantant la nuit, qui est le temps le plus favorable, et chantant seul, sa voix a tout son éclat, et n'est offusquée par aucune autre. Il efface tous les autres oiseaux, suivant le même M. Barrington, par ses sons moëlleux et flûtés, et par la durée de son ramage, qu'il soutient sans interruption quelquefois pendant vingt secondes. Le même observateur a compté dans ce ramage seize reprises différentes, bien déterminées par leurs premières et dernières notes, et dont l'oiseau sait varier avec goût les notes intermédiaires. Enfin, il s'est assuré que la voix d'un rossignol n'a pas moins d'un mille de diamètre, surtout lorsque l'air est calme, ce qui égale à peu près la portée de la voix humaine.

Il est étonnant qu'un si petit oiseau, qui ne pèse pas une demi-once, ait tant de force dans les organes de la voix : aussi M. Hunter a-t-il observé que les muscles du larynx, ou, si l'on veut, du gosier, étaient plus forts, à proportion, dans cette espèce que dans toute autre, et même plus forts dans le mâle, qui chante, que dans la femelle, qui ne chante pas.

Les rossignols sauvages ne chantent que dix semaines dans l'année, tandis que ceux qui sont captifs continuent de chanter pendant neuf ou dix mois; et leur chant est non-seulement plus long-temps soutenu, mais encore plus parfait et mieux formé.

Ces oiseaux embellissent leur chant naturel de tous les passages qui leur plaisent dans celui des autres oiseaux, lorsqu'on leur en fait entendre;

ils apprennent même à chanter alternativement avec un chœur, et à répéter leur couplet à propos. Si quelqu'un siffle un air près d'eux, ils s'efforcent de se mettre à l'unisson ; enfin ils peuvent apprendre à parler. Les fils de l'empereur Claude en avaient qui parlaient grec et latin ; mais ce qu'ajoute Pline est plus merveilleux ; c'est que tous les jours ces oiseaux préparaient de nouvelles phrases, et même assez longues, dont ils amusaient leurs maîtres. L'adroite flatterie a pu faire croire cela à de jeunes princes ; mais un philosophe tel que Pline ne doit se permettre ni de le croire, ni de chercher à le faire croire, parce que rien n'est plus contagieux que l'erreur appuyée d'un grand nom. Aussi plusieurs écrivains, se prévalant de l'autorité de Pline, ont renchérie sur le merveilleux de son récit. Gessner, entre autres, rapporte la lettre d'un homme digne de foi (comme on va le voir), où il est question de deux rossignols qui appartenaient à un maître d'hôtellerie de Ratisbonne. Ces deux oiseaux passaient les nuits à converser, en allemand, sur les intérêts politiques de l'Europe, sur ce qui s'était passé, sur ce qui devait arriver bientôt, et qui arriva en effet. A la vérité, pour rendre la chose plus croyable, l'auteur de la lettre avoue que ces rossignols ne faisaient que répéter ce qu'ils avaient entendu dire à quelques militaires qui fréquentaient la même hôtellerie ; mais malgré cet adoucissement, c'est encore une histoire absurde, et qui ne mérite pas d'être réfutée sérieusement.

Le temps de la ponte des rossignols est la fin d'avril ou le commencement de mai ; ils bâtissent leur nid auprès des ruisseaux, sur les branches les plus basses des arbustes, ils choisissent ordinairement des buissons touffus où les ronces et les épines soient bien entrelacées, parce qu'ils y sont plus en sûreté contre leurs ennemis. Le nid est composé de feuilles, de joncs, de paille et de mousse. La femelle pond quatre ou cinq œufs, d'un brun verdâtre ; mais il est rare qu'ils viennent tous à bien. Lorsqu'on veut découvrir un nid de rossignols, il faut écouter de quel endroit part la voix du mâle, placer sur les buissons des environs de petits vermisseaux ; quand le mâle vient les chercher, on observera la route qu'il prend, et bientôt les cris que font les petits en recevant leur nourriture, indiqueront le buisson où est placé le nid.

Il ne faut point retirer les petits du nid avant qu'ils aient toutes leurs plumes. On doit, quand on veut les élever, les tenir chaudement ; leur nourriture consiste dans une pâtée faite avec du cœur de mouton ou quelque autre viande crue, hachée très-menue, mêlée d'un peu d'œuf dur : on peut les mettre dans une cage tapissée de paille fine ou de mousse sèche ; l'essentiel est de les tenir proprement, car la saleté leur occasionne des crampes, et quelquefois leur fait tomber les ongles. En automne on peut leur retrancher la pâtée pendant quinze jours, en leur donnant quelques vers de farine trois fois la semaine, et deux ou trois araignées par jour. On met aussi un peu de safran dans leur eau. On mêle un peu de figue dans leur pâtée pour les engraisser. Lorsqu'ils ont la goutte (et ceux qu'on garde en cage y sont sujets), on leur frotte les jambes avec du beurre fais ou de la graisse de chapon, pendant trois ou quatre jours. S'ils deviennent tristes et languissans, on met du sucre candi dans leur eau ; on leur donne, outre le cœur de mouton, trois ou quatre vers par jour, quelques fourmis, et un peu d'œuf dur haché en petits morceaux.

Les rossignols, pris dans le nid, deviennent d'excellens chanteurs, principalement ceux de la première couvée. On prend facilement ces oiseaux dans des trébuchets tendus sur la terre nouvellement remuée, où l'on a répandu des nymphes de fourmis, des vers, etc., et avec de la glu qu'on pose sur les buissons où ils se placent ordinairement pour chanter. Aussitôt qu'ils sont pris, on leur lie généralement les ailes avec du fil, pour les empêcher de se débattre dans la cage; mais cette précaution devient bientôt inutile, car ils se familiarisent promptement.

Les rossignols sont solitaires; ils ne vont point par troupes, comme la plupart des petits oiseaux, mais ils se cachent dans les buissons les plus épais. Ils ne chantent presque jamais pendant le jour.

LE ROUGE-GORGE.

Cet oiseau, universellement admiré pour la délicatesse et la légèreté de son chant, a le bec faible et délié, les yeux grands, noirs, expressifs, et le regard doux; sa tête et le dessus du corps sont bruns, mêlés d'un vert olive; le cou et la gorge (ainsi que l'indique son nom) d'une belle couleur orange foncée, tirant sur le rouge; son front est marqué d'une tache pareille; le bec est blanc; les jambes et les pieds sont presque noirs. Il a près de six pouces de longueur, depuis la pointe du bec jusqu'à l'extrémité de la queue.

On distingue le mâle de la femelle par la couleur de sa poitrine, qui est plus foncée; par les jambes, qui sont plus noires, et par quelques poils qu'il a de chaque côté du bec ; le vert olive de son dos est aussi plus foncé ; il y a même quelques femelles qui n'ont pas du tout de rouge sur la poitrine.

Le rouge-gorge passe tout l'été dans les bois ; il commence à couver au printemps, et fait quelquefois jusqu'à trois pontes dans les mois d'avril, mai et juin. Il place son nid près de terre, sur les racines des jeunes arbres , parmi les ronces et les épines ; il le construit de mousse entremêlée de crin et de feuilles de chêne , avec un lit de plumes au dedans ; ensuite, pour le cacher à tous les yeux, il le comble de feuilles accumulées , ne laissant sous cet amas qu'une entrée étroite , oblique , qu'il bouche encore d'une feuille en sortant : la femelle pond ordinairement cinq ou six œufs bruns , tachetés de rouge.

Lorsqu'on veut élever soi-même les rouges-gorges, il faut les retirer du nid dix ou douze jours après qu'ils sont éclos, les tenir très-chaudement, surtout la nuit , et les nourrir de la même manière que le rossignol. Cet oiseau vit rarement plus de sept ou huit ans ; il est sujet à l'épilepsie , aux crampes et aux étouffemens.

Il est au nombre des oiseaux de passage. « Mais, dit Buffon, le départ n'étant point indiqué, et pour ainsi dire proclamé parmi les rouges-gorges, comme parmi les autres oiseaux qui vont par troupes, il en reste plusieurs en arrière, soit des jeunes, que l'expérience n'a pas encore instruits du besoin de changer de climat, soit de ceux à qui suffisent les petites ressources qu'ils ont su trouver au milieu de nos hivers. C'est alors qu'on les voit s'approcher de nos habitations, et chercher les expositions les plus chaudes; s'il en est quelqu'un qui soit resté au bois dans cette rude saison, il y devient compagnon du bûcheron, il s'approche pour se chauffer à son feu, il béquette dans son pain, et voltige toute la journée autour de lui, en faisant entendre un petit cri; mais lorsque le froid augmente, et qu'une neige épaisse couvre la terre, il vient jusque dans nos maisons, frappe du bec aux vitres, comme pour demander un asile qu'on lui donne volontiers, et qu'il paie par la plus aimable familiarité, venant ramasser les miettes de la table, paraissant reconnaître et affectionner les personnes de la maison, et prenant un ramage moins éclatant, mais encore plus délicat que celui du printemps, et qu'il soutient pendant tous les frimas, comme pour saluer chaque jour la bienfaisance de ses hôtes et la douceur de sa retraite. Il y reste avec tranquillité, jusqu'à ce que le printemps, de retour, lui annonçant de nouveaux besoins et de nouveaux plaisirs, l'agite et lui fait demander la liberté. »

Le rouge-gorge cherche l'ombrage épais et les endroits humides ; il se nourrit, dans le printemps, de vermisseaux et d'insectes, qu'il chasse avec adresse et légèreté.

LE COU-JAUNE.

Cet oiseau a un ramage agréable et léger, qu'il fait entendre pendant toute l'année. Il a presque cinq pouces de longueur : le bec est brun ; le gris noir domine sur la tête ; cette couleur s'éclaircit en descendant vers le cou, et se change en gris foncé sur les plumes du dos. Le cou, la gorge et la poitrine sont d'un beau jaune. Une ligne blanche, qui couronne l'œil, se joint à une petite moucheture jaune placée entre l'œil et le bec ; le ventre est blanc, et les flancs sont grivelés de blanc et de gris noir ; les couvertures des ailes sont mouchetées de noir et de blanc, par bandes horizontales, la queue est gris foncé, et sur les quatre pennes extérieures on voit de grandes taches blanches.

Cet oiseau, déjà très-intéressant par sa beauté et la sensibilité que sa voix exprime, ne l'est pas moins par son iutelligence et la sagacité avec laquelle on lui voit construire et disposer son nid : il ne le place pas sur les arbres à la bifurcation des branches, comme il est ordinaire aux autres oiseaux ; il le suspend à des lianes pendantes de l'entrelas qu'elles forment d'arbre en arbre, surtout à celles qui tombent des branches avancées sur les rivières ou les ravines profondes. Il attache, ou, pour mieux dire, enlace avec la liane le nid composé de brins d'herbe sèche, de fibrilles de feuilles, de petites racines fort minces tissues avec le plus grand art : c'est proprement un petit matelas roulé en boule, assez épais et assez bien tissu partout pour n'être point percé par la pluie ; et ce matelas roulé est attaché au bout du cordon flottant de la liane, et bercé au gré des vents sans en recevoir d'atteinte.

Mais ce serait peu pour la prévoyance de cet oiseau de s'être mis à l'abri de l'injure des élémens dans les lieux où il a tant d'autres ennemis ; aussi semble-t-il employer une industrie réfléchie pour garantir sa famille de leurs attaques. Son nid, au lieu d'être ouvert par le haut ou dans le flanc, a son ouverture placée au plus bas ; l'oiseau y entre en montant, et il n'y a précisément que ce qu'il lui faut de passage pour parvenir à l'intérieur où est la nichée, qui est séparée de cette espèce de corridor par une cloison qu'il faut surmonter pour descendre dans le domicile de la famille ; il est rond et tapissé mollement d'une sorte de lichen qui croît sur les arbres, ou bien de la soie de l'herbe nommée par les Espagnols *mort à Cabée.*

Ces oiseaux sont originaires de Saint-Domingue et de quelques autres îles des Indes orientales. Ils se nourrissent principalement d'insectes et de fruits.

LE BEC–FIGUE

CET oiseau a cinq pouces de longueur : son bec est long, faible, effilé et noir, excepté à la base, qui est blanchâtre ; ses yeux et ses paupières sont rouges : le dos est brun foncé, mêlé de jaune ; la poitrine, les cuisses et une partie du ventre sont rouge foncé ; le milieu du ventre est blanc, ainsi que les barbes extérieures des deux premières pennes de la queue, qui est brune ; les jambes sont jaunes.

Cet oiseau est très-rare en Angleterre ; Buffon dit qu'il est originaire de Provence, où on l'a nommé *bec figue*, à cause du goût particulier qu'il a pour les figues. Il se nourrit aussi de papillons et de petits insectes. Le bec-figue est célèbre pour la délicatesse de sa chair.

LE MOTTEUX, ANCIENNEMENT VITROP, VULGAIREMENT CUL-BLANC.

Cet oiseau pèse environ une once ; son bec est mince, noir, et long d'un pouce, sa langue est fendue, et l'intérieur de son bec est noir. Une plaque noire prend de l'angle du bec, se porte sous l'œil, et s'étend au-delà de l'oreille ; le dos est gris cendré, mêlé de bleu. Le croupion est entièrement blanc, ce qui lui a fait donner le nom vulgaire de *cul-blanc*. Le ventre est blanc, ainsi que la queue, qui a deux pouces de long.

Cet oiseau se tient habituellement sur les mottes dans les terres fraîchement labourées, et c'est de là qu'il est appelé *motteux*. Il paraît en Angleterre au milieu du mois de mars, et y reste jusqu'en septembre. On en prend une grande quantité dans la province de Sussex, vers le commencement de l'automne, temps auquel cet oiseau est gras et délicat. Willoughby décrit la petite chasse que font dans ces cantons les bergers d'Angleterre ; ils cou-

pent des gazons, et les couchent en long à côté
et au-dessus du creux qui reste en place du gazon
enlevé, de manière à ne laisser qu'une petite tranchée, au milieu de laquelle est tendu un lacet de
crin. L'oiseau, entraîné par le double motif de
chercher sa nourriture dans une terre fraîchement
ouverte, et de se cacher dans la tranchée, va donner dans ce piége : l'apparition d'un épervier, et
même l'ombre d'un nuage suffit pour l'y précipiter,
car l'on a remarqué que cet oiseau timide fuit alors
et cherche à se cacher.

M. Pennant croit que les motteux sont attirés
dans la province de Sussex par une espèce de pa-
pillon qui y abonde, et qui est leur nourriture
favorite. Ces oiseaux nichent souvent à l'entrée
des terriers quittés par les lapins : le nid est composé en dehors de mousse ou d'herbe fine, et de
plumes ou de laine en dedans. On y trouve communément cinq à six œufs d'un blanc bleuâtre
clair, avec un cercle au gros bout d'un bleu plus
foncé.

LA BERGERONETTE.

Cet oiseau ne pèse que six drachmes, et n'a que sept pouces de longueur et douze d'envergure. Son bec, mince, droit et effilé, a environ un pouce et demi de long; un demi-masque blanc cache le front, enveloppe l'œil, et tombe de chaque côté du cou, le sommet de la tête, la poitrine et le dos sont noirs, le ventre est blanc, les pennes des ailes sont noirâtres, et bordées de gris blanc; la queue, composée de douze pennes, dont les dix intermédiaires sont noires, et les deux latérales blanches jusqu'auprès de leur naissance, est longue de trois pouces, et a un mouvement presque continuel de haut en bas; les ongles sont noirs, longs et aigus.

On voit souvent les bergeronettes courir sur le bord des rivières, des étangs et des lacs, et quelquefois aussi sur les gazons encore humides de rosée, pour y chercher des vers, des escarbots, des papillons, et d'autres petits insectes dont elles font leur nourriture. Elles placent leur nid sous les toits des maisons, ou dans des trous de vieux murs; elles pondent quatre ou cinq œufs.

Il y a une espèce de bergeronette grise, ainsi appelée, parce que c'est la couleur de sa tête, de

son dos et de son cou : la longueur de sa queue la
fait paraître plus grande que la bergeronette ordinaire ; le dessous du corps est blanc, avec une
bande brune en demi-collier au cou ; la queue
noirâtre, avec du blanc aux pennes extérieures ;
les grandes pennes de l'aile sont brunes, les autres
noirâtres, et frangées de blanc comme les couvertures ; le bec est brun foncé ; les jambes sont d'un
jaune brun.

Cet oiseau habite les mêmes lieux que la bergeronette ci-dessus, et sa nourriture est la même.
La femelle bâtit son nid sur la terre, communément au bord des ruisseaux ; elle pond six ou huit
œufs d'un blanc sale, tachetés de jaune.

Il y a encore une autre espèce de bergeronette
jaune qui a six pouces et demi de longueur : le
bec est noir ; le manteau, jusqu'au croupion, vert
olive ; le croupion jaune, ainsi que la poitrine et
le ventre, qui ont de petites taches brunes ; le
fond des plumes des ailes est gris-brun, et le bord
extérieur des trois plus proches du corps est jaune
pâle ; la queue est noire, à l'exception des plumes
extérieures qui sont blanches ; les pieds sont noirs
et les ongles très-longs.

Buffon remarque que cette bergeronette est la
première qui reparaisse au printemps dans les prai-
ries et dans les champs, où elle niche au milieu des

blés verts. Elle pond presque toujours cinq œufs
d'un blanc jaunâtre, irrégulièrement tachetés de
brun.

Ces oiseaux, en général, quittent l'Angleterre à
l'automne; cependant on peut croire que ce n'est
pas pour aller loin, car on en voit souvent au
milieu de l'hiver, lorsque le soleil paraît. Les bergeronettes n'ont qu'un petit cri insignifiant, qu'elles
répètent fréquemment, surtout lorsqu'elles volent.
L'espèce d'affection qu'elles paraissent avoir pour
les troupeaux, leur habitude à les suivre dans la
prairie, leur air de familiarité avec le berger qu'elles
précèdent, qu'elles accompagnent sans crainte,
leur ont fait donner le nom de *bergeronettes*, qui
paraît convenir à cette vie pour ainsi dire pas-
torale. Il est bon d'ajouter qu'elles se perchent
sur le dos des moutons, et cherchent dans leur
laine les insectes qui s'y trouvent; ce qui est un
véritable service de leur part.

CHAPITRE XI.

LE TROGLODYTE.

L'espèce de cet oiseau est très-répandue en Europe : il est aussi petit que le roitelet; il pèse environ trois drachmes, et sa longueur est de quatre pouces. Il n'a qu'un vol court et tournoyant; il se tient sur un arbre ou sur une grange auprès des fermes, qu'il charme par son chant mélodieux. Même en captivité, sa voix ne perd rien de sa légèreté ni de sa force; il fait entendre son joli ramage jusque dans l'hiver, et surtout lorsqu'il est tombé de la neige; il chante aussi après le soleil couché, mais non pas pendant la nuit, comme le rossignol.

Cet oiseau a le plumage coupé transversalement par de petites zones ondées de brun foncé et de noirâtre sur la tête, le cou et le dessus du corps; le dessous est mêlé de blanchâtre et de gris; les ailes et la queue sont tachetées de jaune et de noir. Le mâle a, dit-on, l'œil plus grand que la femelle mais la différence entre eux est si légère, qu'on ne peut guère les distinguer que lorsque le premier commence à chanter.

Au printemps, le troglodyte demeure dans les bois, où il fait son nid près de terre, sur quelques branchages épais, ou même sur le gazon; quelquefois sous un tronc ou contre une roche, ou bien sous l'avance de la rive d'un ruisseau; quelquefois aussi sous le toit de chaume d'une cabane isolée dans un lieu sauvage, et jusque sur la loge des charbonniers et des sabotiers qui travaillent dans les bois : il amasse pour cela beaucoup de mousse, et le nid en est à l'extérieur entièrement composé; mais en dedans il est proprement garni de plumes. Ce nid est presque tout rond, fort gros, et si informe en dehors, qu'il échappe à la recherche des dénicheurs; car il ne paraît être qu'un tas de mousse jetée au hasard : il n'a qu'une petite entrée fort étroite, pratiquée au côté. La femelle y pond de dix à dix-huit œufs très-petits, blancs, entièrement pointillés de rouge.

Il faut attendre, pour retirer ces oiseaux du nid, qu'ils aient toutes leurs plumes; on les nourrit de la même manière que le rossignol. On doit les mettre dans une grande cage, parce qu'ils se déplairaient dans une petite; il faut les tenir chaudement et proprement, surtout l'hiver, et mettre du sable fin et bien sec au fond de leur cage. Mais malgré tous les soins qu'on peut en prendre, il est rare qu'on parvienne à les élever, car ce sont des oiseaux extrêmement délicats.

LE ROITELET.

De tous les oiseaux d'Europe, voici le plus petit : il ne pèse que trois drachmes. Son bec est faible, noir et droit. Ce qu'il y a de plus remarquable dans son plumage, c'est sa belle couronne aurore, bordée de noir de chaque côté, qu'il sait faire disparaître et cacher sous les autres plumes, par le jeu des muscles de la tête ; il a une raie blanche qui, passant au-dessus des yeux, entre la bordure noire de la couronne et un autre trait noir sur lequel l'œil est posé, donne plus de caractère à sa physionomie ; il a le reste du dessus du corps, y compris les petites ouvertures des ailes, d'un jaune olivâtre ; tout le dessous depuis la base du bec, d'un roux clair, tirant à l'olivâtre sur les flancs ; le tour du bec blanchâtre, donnant naissance à quelques moustaches noires, les pennes des ailes brunes, bordées extérieurement de jaune olivâtre ; cette bordure est interrompue vers le milieu de la penne par une tache noire dans la sixième, ainsi que dans les suivantes, jusqu'à la quinzième, plus ou moins. Les couvertures moyennes et les grandes plus voisines du corps, pareillement brunes, sont bordées de jaune olivâtre, et terminées de blanc sale, d'où résultent deux taches de cette dernière couleur sur chaque aile; les pennes de la queue, d'un gris brun, sont bordées d'olivâtre; le fond des plumes est noirâtre, excepté sur la tête, à la naissance de la gorge, et au bas des jambes; l'iris est noisette, et les pieds sont jaunâtres. La queue a un pouce et demi de long. La femelle a la couronne d'un jaune pâle, et toutes les couleurs du plumage plus faibles, comme c'est l'ordinaire.

Les roitelets sont assez rares dans les îles britanniques; on en trouve cependant aux environs d'Oxford dans les bois, dans le Warwickshire, et dans le midi de l'Écosse. La femelle pond six ou sept œufs de la grosseur d'un pois. Ces oiseaux se nourrissent de petits insectes. Les roitelets sont assez communs en France, et dans quelques provinces leur nid est respecté comme une chose sacrée.

———

LE POUILLOT ou LE CHANTRE.

Cet oiseau est un peu plus gros que le roitelet ordinaire. Le dessus du corps est vert-olive, le dessous jaune pâle ; il y a une ligne jaunâtre qui passe sur les yeux ; le bec est brun, ainsi que les ailes et la queue, dont les pennes sont bordées de jaune verdâtre ; les jambes sont jaunes.

Le pouillot est assez commun en Angleterre ; il n'y passe point l'hiver, mais revient de bonne heure au printemps : il habite les bois pendant l'été. Il fait son nid dans le fort des buissons, ou dans une touffe d'herbes épaisses ; il le construit avec autant de soin qu'il le cache ; il emploie de la mousse en dehors, de la laine et du crin en dedans : le tout est bien tissu, bien recouvert, et ce nid a la forme d'une boule, comme ceux du troglodyte et du roitelet. La femelle pond ordinairement quatre ou cinq œufs d'un blanc terne, piquetés de rougeâtre.

M. White remarque qu'il y a trois espèces de pouillot : celui-ci s'appelle le pouillot jaune ; les autres sont plus petits, et ont un ramage différent. Le chant du petit pouillot, qu'il fait entendre souvent, est faible et peu varié.

Le pouillot peut, à juste titre, être appelé le

rossignol des contrées septentrionales de l'Europe : il se pose sur les branches les plus hautes
des arbres, et fait retentir l'air de sa voix forte et
mélodieuse.

LA FAUVETTE TAILLEUR. (1)

CET oiseau est aussi extrêmement petit; il n'a
que trois pouces de longueur. Son plumage est
entièrement jaune.

La fauvette tailleur se trouve dans l'Inde ; elle
n'est remarquable que par la manière dont elle
fait son nid, qui est très-curieuse. Ce nid est composé de deux feuilles, que l'oiseau coud ensemble
avec de petits filamens (son bec lui servant d'ai-
guille); il lui donne la forme d'une poche ou
d'une bourse ouverte par le haut; il le tapisse
ensuite de plumes et de mousse. Il joint une
feuille sèche à une verte, plus souvent que deux
vertes ensemble ; et cet ouvrage terminé ressemble
plutôt à celui d'un homme qu'au travail d'un animal privé de la raison. Le nid et les oiseaux sont

____

(1) Cette espèce est nouvellement découverte, et n'était
point connue de M. de Buffon.

si légers, que les feuilles des branches les plus faibles suffisent pour le construire. Le tout est fixé à l'extrémité d'une branche, et parfaitement à l'abri des attaques de tout ennemi.

LE MARTIN-PÊCHEUR ou L'ALCYON.

CET oiseau (le plus beau des îles britanniques) a sept pouces de long et onze d'envergure. Le bec a près de deux pouces de longueur ; il est noir, et jaune seulement à la base de la mandibule inférieure ; les flancs et le sommet de la tête sont vert foncé, marqués de taches bleues transversales ; la queue est bleu foncé ; le reste du corps est orange, blanc et noir ; les jambes sont rouges ; les ailes très-courtes ne nuisent cependant pas au vol de l'oiseau, qui est extrêmement rapide.

Le martin-pêcheur se trouve dans toute l'Europe : il se nourrit de petits poissons ; il se tient sur une branche avancée au-dessus de l'eau pour pêcher ; il y reste immobile, et épie souvent deux heures entières le moment du passage d'un petit poisson : il fond sur cette proie en se laissant tomber dans l'eau, où il reste plusieurs secondes ; il en sort avec le poisson au bec, qu'il porte ensuite sur la terre, contre laquelle il le bat pour le tuer avant que de l'avaler; néanmoins il en rejette les parties indigestes.

Au défaut de branches avancées sur l'eau, le martin-pêcheur se pose sur quelque pierre voisine du rivage, ou même sur le gravier; mais au moment qu'il aperçoit un petit poisson, il fait un bond de douze ou quinze pieds, et se laisse tomber à-plomb de cette hauteur. Souvent aussi on le voit s'arrêter dans son vol rapide, demeurer immobile, et se soutenir au même lieu pendant plusieurs secondes; c'est son manège d'hiver, lorsque les eaux troubles ou les glaces épaisses le forcent de quitter les rivières, et le réduisent aux petits ruisseaux d'eau-vive. A chaque pause, il reste comme suspendu à la hauteur de quinze ou vingt pieds; et lorsqu'il veut changer de place, il se rabaisse, et ne vole pas à plus d'un pied de hauteur sur l'eau; il se relève ensuite, et s'arrête de nouveau. Cet exercice réitéré et presque continuel, démontre que cet oiseau plonge pour de bien petits objets, poissons ou insectes, et souvent en vain; car il parcourt de cette manière des demi-lieues de chemin.

M. Gmelin, en parlant du martin-pêcheur, dit qu'on en voit beaucoup dans la Sibérie, et que les Tartares et les Ostiaques se servent de ses plumes pour des usages superstitieux. Les premiers prétendent qu'en touchant une femme, seulement par-dessus ses vêtemens, avec une plume de cet oiseau, on lui inspire un violent amour : les Ostiaques en renferment la peau, le bec et les ongles dans une bourse, qu'ils portent constamment sur eux comme un talisman qui les garantit de tous maux ; et ils attribuent à sa perte tous les malheurs qui leur arrivent.

M. Daubenton a nourri pendant plusieurs mois deux ou trois martins-pêcheurs, en leur donnant tous les jours de petits poissons frais ; ils refusent toute autre nourriture ; c'est la seule qui puisse leur convenir.

Cet oiseau niche au bord des rivières et des ruisseaux, dans des trous creusés par des rats d'eau ou par les écrevisses, qu'il approfondit lui-même, et dont il maçonne et retrécit l'ouverture. On y trouve de petites arrêtes de poisson, des écailles sur de la poussière, sans forme de nid ; et c'est sur cette poussière qu'il dépose ses œufs, ordinairement au nombre de sept, mais quelquefois davantage. Les petits, devenus un peu forts, sont extrêmement voraces, et ne se trouvant pas satisfaits de la nourriture que le père et la mère leur apportent ; ils font un bruit et un ramage qui presque toujours aident à découvrir le nid.

On a donné à cet oiseau desséché la propriété de conserver les draps et autres étoffes de laines, et d'éloigner les teignes : on a dit aussi qu'en suspendant son corps, une influence secrète le dirigeait toujours vers le nord ; mais ces opinions paraissent absurdes et fausses.

LE COLIBRI ET L'OISEAU-MOUCHE (1).

CES oiseaux se trouvent dans les parties les plus méridionales de l'Amérique, et dans quelques îles des Indes orientales : ils se nourrissent, ainsi que les abeilles, du suc des fleurs, qu'ils pompent avec leur langue qui est très-longue et composée de deux fibres creuses, formant un petit canal qui se divise au bout en deux filets.

Le colibri a été si bien décrit par un auteur célèbre, que nous ne croyons pouvoir mieux

---

(1) Quoique l'auteur anglais ne regarde l'oiseau-mouche que comme une variété du colibri, et ne désigne ces deux espèces que par le nom commun de *humming-bird*, oiseau bourdonnant, elles sont biens distinctes dans l'Histoire naturelle de M. de Buffon.

faire que de rapporter ici ses propres expres-
sions.

« On pourrait croire qu'un oiseau de la grosseur du bout du doigt est une créature imaginaire,
si on ne le voyait pas en grande quantité dans les
champs d'Amérique, voltigeant de fleur en fleur
pour en dérober le suc.

« Le plus petit colibri (qui est l'oiseau-mouche)
est de la grosseur d'une noiselte. Les plumes de
ses ailes et de sa queue sont noires ; celles de son
corps et du dessous des ailes sont d'un vert tirant
sur le brun, avec des reflets rouges d'un moelleux
qu'aucun velours ne saurait imiter. Il a sur la tête
une petite aigrette verte et dorée, si brillante,
que lorsque le soleil donne dessus, on croirait
voir une étoile. Le bec est noir, droit (courbé
dans quelques individus), délié et de la longueur
d'une petite épingle. Le plus grand colibri est
moitié gros comme le roitelet, et n'a point d'aigrette sur la tête. Sa poitrine est rouge, et, semblable à l'opale, elle change de couleur sous différens aspects. Dans les deux espèces, la tête est
petite, les yeux extrêmement petits, et noirs
comme jais.

« Leur vol est continu, bourdonnant et rapide.
Le battement de leurs ailes est si vif, que l'oiseau,
s'arrêtant dans les airs, paraît non-seulement im-

mobile, mais tout-à-fait sans action, et qu'il est impossible de distinguer ses couleurs.

« Le nid de ces petits oiseaux répond à la délicatesse de leur corps. Il est fait d'un coton fin ou d'une bourre soyeuse recueillie sur des fleurs ; ce nid est fortement tissu et de la consistance d'une peau douce et épaisse. La femelle se charge de l'ouvrage, et laisse au mâle le soin d'apporter les matériaux ; on la voit, empressée à ce travail chéri, chercher, choisir, employer brin à brin les fibres propres à former le tissu de ce doux berceau de sa progéniture ; elle en polit les bords avec sa gorge, le dedans avec sa queue ; elle le revêt, à l'extérieur, de petits morceaux d'écorce de gommier qu'elle colle à l'entour pour le défendre des injures de l'air, autant que pour le rendre plus solide ; le tout est attaché à deux feuilles ou à un seul brin d'oranger, de citronnier ou quelquefois à un fétu qui pend de la couverture de quelque case. Ce nid n'est pas plus gros que la moitié d'un abricot, et fait de même en demi-coupe. On y trouve deux œufs tout blancs, et pas plus gros que de petits pois ; le mâle et la femelle les couvent tour-à-tour pendant douze jours ; les petits éclosent au treizième, et ne sont pas alors plus gros que des mouches. Je n'ai jamais pu remarquer, dit le père Dutertre, quelle sorte de becquée la mère leur apporte , sinon qu'elle leur donne à sucer sa langue encore toute emmiellée de suc tiré des fleurs. »

Le père Mont-Didier, compagnon du père Labat dans la mission en Amérique, trouva un nid de colibris qui était sur un appentis auprès de la maison : il l'emporta avec les petits lorsqu'ils eurent quinze ou vingt jours, et les mit dans une cage à la fenêtre de sa chambre, où le père et la mère ne manquèrent pas de venir leur donner à manger, et s'apprivoisèrent tellement, qu'ils ne sortaient presque jamais de la chambre, où, sans cage et sans contrainte, ils venaient manger et dormir avec eux. Ils venaient souvent tous quatre sur le doigt du père Mont-Didier, chantant aussi librement que s'ils eussent été sur une branche d'arbre. Il les nourrissait avec une pâtée très-fine et presque clair, faite avec du biscuit, du vin d'Espagne et du sucre; ils passaient leur langue sur cette pâtée, et quand ils étaient rassasiés, ils voltigeaient et chantaient.... On ne pouvait rien voir de plus aimable que ces quatre petits oiseaux , voltigeant de tous côtés, au dedans et au dehors de la maison, et revenant dès qu'ils entendaient la voix de leur maître. Ils vécurent avec lui de cette manière pendant six mois; mais au moment où il espérait voir une nouvelle famille s'élever sous ses yeux, il oublia malheureusement de renfermer leur cage, pour les garantir des rats pendant la nuit, et les trouva tous détruits le lendemain matin.

Ces oiseaux, trouvant toujours des fleurs pour leur nourriture, en Amérique ainsi qu'à Surinam et à la Jamaïque, ne quittent point ces pays de toute l'année; mais aux îles Antilles, ils se retirent à l'approche de l'hiver, et quelques-uns prétendent qu'ils demeurent dans un état d'engourdissement pendant toute cette saison.

On ne sait pas encore si les colibris chantent ou non. Tous les voyageurs s'accordent à dire que, outre le bourdonnement produit par leurs ailes, ils n'ont qu'un petit gazouillement sans suite : mais le père Labat assure qu'ils ont un ramage agréable et tendre, quoique proportionné à la faiblesse de leurs organes. Il est vraisemblable que leur chant n'est pas le même dans tous les lieux, et que c'est la cause de cette différence dans les opinions.

La manière d'abattre ces oiseaux est de les tirer avec du sable ou à la sarbacane; ils sont si peu défians qu'ils se laissent approcher jusqu'à cinq ou six pas. On peut encore les prendre en se plaçant dans un buisson fleuri, une verge enduite d'une gomme gluante à la main; on en touche aisément le petit oiseau lorsqu'il bourdonne devant une fleur ; il meurt aussitôt qu'il est pris.

Les belles plumes de ces oiseaux servaient autrefois d'ornemens à la noblesse du plus haut rang parmi les sauvages ; mais maintenant ils les conservent, plutôt pour les vendre comme objets de curiosité aux Européens, que pour en faire usage pour eux-mêmes. En général, le goût chez les sauvages est très-raffiné ; le guerrier vagabond ne se contente pas d'un arc ou d'une couronne de plumes ; il faut, pour satisfaire son ambition, lui donner un fusil, une chemise bleue ou une couverture de drap.

Le docteur Latham a connu quelqu'un qui a gardé plusieurs colibris vivans, en mettant dans leur cage des fleurs de papier peint, imitant, le mieux possible, la nature, et remplies d'eau sucrée que ces petits oiseaux pompaient comme le suc des fleurs naturelles.

L'OISEAU-MOUCHE A GORGE ROUGE,
ou LE RUBIS.

La longueur de ce petit oiseau n'est que de trois pouces, y compris le bec : sa gorge a le brillant et le feu d'un rubis ; vue de côté, il s'y mêle une couleur d'or, et en dessous, ce n'est plus qu'un grenat sombre : le dessus du corps est d'un vert doré changeant en couleur de cuivre rouge : la poitrine et le devant du corps sont mêlés de gris blanc et de noirâtre : les deux plumes du milieu de la queue sont de la couleur du dos, et les plumes latérales sont d'un brun pourpré. La femelle n'a sur la gorge que de petites taches brunes, et ses ailes sont tachetées de blanc. Le bec et les jambes sont noirs dans les deux sexes.

Rien n'égale la vivacité de ces petits oiseaux, si ce n'est leur courage, ou plutôt leur audace : on les voit poursuivre avec furie des oiseaux vingt fois plus gros qu'eux, s'attacher à leur corps, et se laissant emporter par leur vol, les becqueter à coups redoublés, jusqu'à ce qu'ils aient assouvi leur petite colère. Quelquefois même ils se livrent entre eux de vifs combats ; naturellement impatiens, s'ils s'approchent d'une fleur et qu'ils la trouvent fanée, ils en arrachent les pétales avec une précipitation qui marque leur dépit.

Le rubis niche ordinairement sur une branche d'arbre et au milieu; son nid et ses œufs sont semblables à ceux des autres oiseaux-mouches.

L'ÉTOURNEAU ou LE SANSONNET.

Il est peu d'oiseaux aussi généralement connus que celui-ci, surtout dans les climats tempérés. Tout son plumage est brun varié de bleu et de bronze : chaque plume est terminée par une légère tache jaune : les couvertures des ailes sont bordées de jaune brun : les plumes de la queue sont brunes, et les jambes rouge-brun. La longueur de l'oiseau est de neuf pouces : le bec est mince et courbé, la langue dure et fourchue; les narines sont à demi recouvertes par une membrane; le doigt extérieur est uni à celui du milieu jusqu'à la première phalange.

Les merles sont, de tous les oiseaux, ceux avec qui l'étourneau a le plus de rapport; les jeunes de l'une et de l'autre espèce se ressemblent même si parfaitement, qu'on a peine à les distinguer.

L'étourneau est très-familier, et s'élève très-bien

dans l'état de captivité. Sa voix est forte et sonore : il imite cependant le ramage du canari ; on lui apprend à siffler, à parler plusieurs langues et à prononcer de suite des phrases un peu longues ; il articule franchement la lettre *r*. On le nourrit de viande crue, ou de pain trempé dans l'eau ; mais il est sujet à l'épilepsie, ainsi que tous les oiseaux privés de la liberté.

Le mâle se distingue de la femelle, en ce que ses couleurs sont beaucoup plus vives, et qu'il est un peu plus gros.

Les étourneaux n'ont pas plus tôt fini leur couvée, qu'ils se rassemblent en troupes très-nombreuses. (Ils diffèrent en cela des merles qui vivent solitairement.) Ces troupes ont une manière de voler qui leur est propre, et semble soumise à une tactique uniforme et régulière, telle que serait celle d'une troupe disciplinée, obéissant avec précision aux ordres d'un seul chef. C'est à la voix de l'instinct que les étourneaux obéissent, et leur instinct les porte à se rapprocher toujours du centre du peloton, tandis que la rapidité de leur vol les emporte sans cesse au-delà ; en sorte que cette multitude d'oiseaux, ainsi réunis par une tendance commune vers le même point, allant et venant sans cesse, circulant et se croisant en tous sens, forme une espèce de tourbillon fort agité, dont la masse entière, sans suivre de direction bien certaine, paraît avoir un mouvement général de révolution sur elle-même, résultant des mouvemens de circulation propres à chacune de ses parties. Si cette manière de voler a ses avantages, elle a ses inconvéniens; elle les défend contre les entreprises de l'oiseau de proie, qui, se trouvant embarrassé par le nombre de ses faibles adversaires, inquiété par leurs battemens d'ailes, étourdi par leurs cris, déconcerté par leur ordre de bataille, enfin ne se jugeant pas assez fort pour enfoncer des lignes si serrées, que la peur concentre encore de plus en plus, se voit contraint fort souvent d'abandonner une si riche proie sans avoir pu s'en approprier la moindre partie. Mais, d'un autre côté, cette façon de voler des étourneaux offre aux oiseleurs la facilité d'en prendre un grand nombre à la fois en lâchant à la rencontre d'une de ces volées, un ou deux individus de la même espèce, qui ont à chaque patte une ficelle engluée : ceux-ci ne manquent pas de se mêler dans la troupe, et, au moyen de leurs allées et venues perpétuelles, d'en embarrasser un grand nombre dans la ficelle perfide, et de tomber bientôt avec eux aux pieds de l'oiseleur.

Ces oiseaux jasent beaucoup le soir et le matin

avant de se séparer, mais beaucoup moins le reste de la journée, et point du tout pendant la nuit. Ils sont tellement nés pour la société, qu'ils ne vont pas seulement de compagnie avec ceux de leur espèce, mais avec des espèces différentes. Quelquefois, en printemps et en automne, c'est-à-dire, avant et après la saison des couvées, on les voit se mêler et vivre avec les corneilles, les choucas, les litornes, les mauvis, et même avec les pigeons.

Les étourneaux nichent ordinairement au mois de mai. Ils ne prennent pas beaucoup de peine pour faire leur nid, car souvent ils s'emparent de celui du pivert, comme le pivert s'empare quelquefois du leur. Lorsqu'ils veulent le construire eux-mêmes, ils se contentent de mettre quelques feuilles sèches, quelques brins d'herbe et de mousse au fond d'un trou d'arbre et de muraille. C'est sur ce matelas fait sans art que la femelle dépose cinq ou six œufs d'un cendré verdâtre, et qu'elle les couve l'espace de dix-huit à vingt jours. Quelquefois elle fait sa ponte dans les colombiers, au-dessus des entablemens des maisons, et même dans des trous de rocher sur les côtes de la mer. Les petits restent fort long-temps sous la mère : leur couleur est, dans le premier âge, un brun noirâtre, uniforme, sans mouchetures comme sans reflets.

Ces oiseaux vivent de limaces, de vermisseaux, de scarabées, et surtout de ces jolis scarabées d'un beau vert bronzé luisant avec des reflets rougeâtres, qu'on trouve au mois de juin sur les fleurs, et principalement sur les roses; ils se nourrissent aussi de blé, de sarrasin, de mil, de panis, de chènevis, d'olives, de cerises, de raisins, etc. On prétend que cette dernière nourriture est celle qui corrige le mieux l'amertume naturelle de leur chair.

L'étourneau vit sept ou huit ans, et quelquefois plus, dans l'état de domesticité. Les fils de l'empereur Claude en avaient un qui répétait des leçons de grec et de latin. L'auteur du voyage sentimental, tandis qu'il réfléchissait aux horreurs de la captivité, se suppose interrompu par un sansonnet de la manière suivante :

« Je me mis à contempler l'oiseau. Plusieurs personnes passèrent sous la porte, et il leur fit les mêmes plaintes de sa captivité, en volant de leur côté dans sa cage.... *Je ne peux pas sortir*, disait sansonnet.... Oh! je vais à ton aide, m'écriai-je; je te ferai sortir, coûte qu'il coûte.... La porte de la cage était du côté du mur; mais elle était si fortement entrelacée avec du fil d'archal, qu'il était impossible de l'ouvrir sans mettre la cage en morceaux.... J'y mis les deux mains.

» L'oiseau volait d'un endroit à l'autre.... il passait sa tête à travers le treillis, et y pressait son estomac, comme s'il eût été impatient..... Je crains bien, pauvre petit captif, lui disais-je, de ne pouvoir te rendre la liberté..... *Non,* dit le sansonnet, *je ne peux pas sortir, je ne peux pas sortir.* »

———

LE MOINEAU.

La longueur de cet oiseau, bien connu, est de cinq pouces trois quarts ; le bec est brun, les yeux couleur de noisette ; le sommet de la tête, le derrière du cou sont cendrés, la gorge et le tour des yeux noirs, les joues blanchâtres, la poitrine et le dessous du corps cendré pâle ; le dos, les couvertures des ailes rouge-brun, mélangé de noir ; la queue est brune, bordée de gris, et un peu fourchue ; les jambes, brun pâle. La femelle n'a point de tache noire sur la gorge, et toutes les couleurs de son plumage sont moins vives.

Le moineau est très-familier, mais si rusé, qu'on a de la peine à le prendre dans les piéges :

il ne s'éloigne jamais de nos habitations , et ne sort presque pas de nos jardins et de nos champs. Dans l'état sauvage, sa voix est dure et ne produit qu'un cri désagréable ; cependant ce n'est pas faute de moyens, car lorsqu'il est élevé avec la linotte ou le chardonneret, il imite très-bien leur chant.

Les moineaux sont généralement détestés par les fermiers, et peut-être injustement ; car, quoiqu'ils leur fassent quelque tort , il est prouvé qu'ils sont beaucoup plus utiles que nuisibles. M. Bradley, dans son Traité général du labourage et du jardinage , démontre qu'une paire de moineaux , pendant le temps qu'ils nourrissent leurs petits , détruit trente-trois mille soixante chenilles par semaine. Leur utilité ne se borne pas à cela; ils détruisent aussi une quantité de papillons , qui, sans cela , deviendraient autant de chenilles.

Ces oiseaux nichent au commencement du printemps , et font leur nid sous les toits des maisons , ou dans des trous de muraille. Néanmoins il y en a quelques-uns qui le placent sur les arbres ; ils le construisent avec du foin en dehors et de la plume en dedans; mais ce qu'il y a de singulier, c'est qu'ils y ajoutent une espèce de calotte par-dessus, qui couvre le nid, en sorte que la pluie ne peut y pénétrer, et ils laissent une ouverture pour entrer au-dessous. Il y en a aussi de plus paresseux, qui s'emparent du nid d'autres oiseaux. La femelle pond cinq ou six œufs, d'un blanc rougeâtre, tachetés de brun ; elle fait communément trois pontes par an : c'est pourquoi cette espèce est si multipliée.

M. Smellie raconte une anecdote qui prouve l'affection que ces oiseaux portent à leurs petits : « Lorsque j'étais enfant, dit notre auteur, j'enlevai un nid de jeunes moineaux qui était situé à un mille de ma maison. Tandis que je l'emportais en triomphe, j'aperçus avec étonnement le père et la mère qui me suivaient en examinant mes mouvemens. L'idée me vint qu'ils pourraient me suivre jusque chez moi et continuer à nourrir leurs petits ; avant de fermer la porte, j'élevai le nid vers eux, afin de faire crier les petits. Je les mis sur-le-champ dans le coin d'une cage, que je plaçai en dehors d'une fenêtre. Je choisis une place dans la chambre où je pus examiner ce qui se passerait sans être vu. Les petits demandaient à grands cris leur nourriture ; les parens ne les firent pas attendre long-temps ; ils arrivèrent bientôt auprès de la cage, ayant de petites chenilles dans le bec, et en donnèrent une à chaque oiseau. Ces soins paternels furent continués pendant long-temps. Lorsque les petits eurent toutes leurs plumes, je pris l'un des plus forts, que je plaçai dessus la cage. Les père et mère ne l'eurent pas plutôt aperçu, qu'ils firent mille bruyantes démonstrations pour témoigner la joie qu'ils éprouvaient de voir un de leurs enfans délivré de sa prison. Ils l'engagèrent bientôt à les suivre : le petit paraissait le désirer vivement, mais en même temps la crainte de faire un voyage qu'il n'avait jamais entrepris, le retenait. Ses parens redoublèrent leurs sollicitations ; enfin, après qu'ils eurent fait plusieurs courses de la cage à une cheminée voisine, pour lui montrer combien c'était une chose facile, le petit s'envola, et arriva sain et sauf. Le lendemain, je fis la même expérience pour un autre, ainsi que pour toute la couvée, qui était de quatre oiseaux ; je puis encore ajouter que ni les parens ni les enfans ne visitèrent depuis cette cage détestée. »

Les moineaux varient beaucoup pour le plumage : on en trouve quelquefois de blancs ; d'autres mêlés de brun et de blanc, quelques-uns presque tout noirs, et d'autres jaunes.

LE FRIQUET ou LE MOINEAU DE MONTAGNE.

CETTE espèce est beaucoup moins nombreuse que celle du moineau ordinaire ; le bec est noir, les yeux couleur de noisette ; le sommet de la tête et le derrière du cou sont marrons, les joues blanches, la gorge noire, le dessus du corps brun foncé, tacheté de noir ; le dessous est blanchâtre, ainsi que la poitrine ; les grandes couvertures des ailes sont noires, bordées de rouge ; la queue est rouge-brun, et les jambes sont jaune pâle. Cet oiseau n'est pas très-commun en Angleterre ; il se trouve en Italie, en France, en Allemagne, et en Russie.

Buffon dit que le friquet ne se nourrit que de fruits, de graines sauvages, et d'insectes. Il fait son nid sur les arbres, et non dans les bâtimens comme le moineau. Cet oiseau, lorsqu'il est posé, ne cesse de se remuer, de se tourner, de hausser et baisser sa queue, et c'est de tous ses mouvemens, qu'il fait d'assez bonne grâce, qu'on lui a donné en France le nom de friquet.

LA LITORNE ou TOURDELLE.

CETTE grive est moins grosse que la draine; sa longueur est de dix pouces, le bec est jaune et entouré de poils ou de barbes noires; les yeux sont brun clair; le sommet de la tête et le derrière du cou d'une couleur cendrée, variée de noir ainsi que le croupion; le dos et les couvertures des ailes sont brun foncé; la gorge et la poitrine jaunes, régulièrement tachetées de noir; le ventre et les cuisses blanc jaunâtre; la queue est brune, presque noire, et les jambes sont jaune-brun.

Les litornes arrivent par troupes en Angleterre, au commencement d'octobre, pour éviter les hivers rigoureux des pays septentrionaux qu'elles habitent pendant l'été.

Buffon dit que ces oiseaux ne viennent en France qu'au commencement de décembre, et qu'il n'est pas rare de les voir se rassembler au nombre de deux ou trois mille dans un endroit où il y a des alizes mûres, qu'ils mangent avec tant d'avidité qu'ils en jettent la moitié par terre : dans les fortes gelées, ils vivent de gui, du fruit de l'épine blanche, et d'autres baies : ils se nourrissent aussi de limaçons et de vers.

Lorsque les litornes sont rassemblées, elles établissent une espèce de sentinelle pour les avertir du danger. Si quelqu'un s'approche de l'arbre où elles sont perchées, elles ne font aucun mouvement pour s'enfuir ; celle qui est chargée de veiller à la sûreté commune, laisse venir assez près d'elle la personne, pour reconnaître si ses intentions sont mauvaises : dans ce cas, elle jette un cri d'alarme, et à ce signal, toutes prennent la fuite.

Quoique les litornes bâtissent leur nid sur des arbres, et qu'elles s'y tiennent dans la journée, elles passent toujours la nuit sur la terre. Les Romains faisaient un grand cas de la chair de ces oiseaux ; ils les engraissaient avec de la mie de pain et des figues pétries ensemble.

LE MAUVIS.

Le mauvis n'a pas plus de huit pouces de longueur ; le bec est brun foncé ; les yeux sont couleur de noisette ; le plumage est en général semblable à celui de la grive, à l'exception d'une ligne blanche au-dessus de l'œil, et du rouge qu'elle a dessous les ailes, ce qui lui a fait donner en plusieurs langues le nom de *grive à ailes rouges* ; elle a aussi moins de mouchetures sur la poitrine que la grive ordinaire.

Ces oiseaux paraissent un peu avant les litornes ; ils fréquentent les mêmes lieux, se nourrissent de la même manière que celle-ci, et leur ressemblent parfaitement pour les habitudes. Leur chant est dit-on, très-agréable. La femelle bâtit son nid dans des buissons ou des haies, elle pond six œufs d'un vert bleu, tachetés de noir. Les mauvis étaient aussi très-estimés des Romains pour la délicatesse de leur chair.

LE MERLE.

Cet oiseau est l'un des premiers à célébrer le retour du printemps, de sa voix forte et harmonieuse: le mâle, mis en cage, chante au moins quatre ou cinq mois de l'année, et, outre son ramage naturel, il apprend tous les airs qu'on veut. Les jeunes merles sont plutôt roux que noirs, et leur bec est cendré ; mais en vieillissant, les mâles deviennent entièrement noirs, et leur bec jaunit ; la femelle seulement conserve les couleurs du premier âge, mais l'intérieur de la bouche est jaune dans les deux sexes.

Ces oiseaux ont communément onze pouces de long, en y comprenant la queue, qui a quatre pouces et le bec qui en a un. Les merles sauvages se nourrissent de toutes sortes de baies, de fruits, et d'insectes.

Les merles couvent à la fin de l'hiver ; ils placent leur nid sur des buissons peu élevés, et quelquefois sur la terre ; ils le construisent avec soin : le dehors est composé de mousse et de racines d'arbres jointes ensemble par du limon ; et le dedans est recouvert de brins d'herbe, de poils, et d'autres pétits matériaux mollets. La femelle pond quatre ou cinq œufs d'un bleu verdâtre, tachetés de brun. On peut prendre les jeunes merles dans le nid et les élever facilement; on les nourrit avec du cœur de mouton, ou quelque autre viande (pourvu qu'elle ne soit pas salée) que l'on pétrit avec de la mie de pain.

Cet oiseau est vigoureux et rarement malade; lorsqu'on le voit indisposé, on peut le soulager promptement en mettant un peu de cochenille dans son eau, et en lui donnant une araignée ou deux à manger.

Les merles sont solitaires, et on ne les voit jamais se rassembler en troupes; ils habitent les bois. et les lieux les plus sauvages.

LE MERLE BLEU.

Voici la description que Belon donne de cet oiseau, bien supérieur au merle ordinaire : « Ce bel animal est en tout semblable au merle, à l'exception de la couleur bleue de son plumage. On le trouve aux montagnes des Alpes, où il choisit pour sa résidence les rochers les plus escarpés. Il est difficile de le prendre au piége, et il est très-estimé pour son chant, qui est doux, varié et fort approchant de celui de la fauvette. Il apprend aussi à parler distinctement. Il est si docile, qu'il parle et chante lorsqu'on le lui ordonne, fût-ce même au milieu de la nuit. Au commencement de l'hiver son plumage devient noir, mais au printemps il reprend sa première couleur. Ces oiseaux cachent leur nid avec grand soin, et l'établissent dans des trous de rocher, près du plafond des cavernes les plus inaccessibles ; ce n'est qu'avec beaucoup de risque et de peine qu'on peut grimper jusqu'à leur couvée. Ils descendent rarement dans la plaine ; leur vol est plus prompt que celui du merle noir, et leur nourriture est la même. »

LA MÉSANGE BLEUE.

Cette mésange a quatre pouces et demi de longueur : le bec, d'un demi-pouce de long, est noir et assez épais ; le dessus de la tête est noir ; une large tache blanche, qui commence à la base du bec, passe dessous les yeux de chaque côté du cou, qui est jaune, le dos est d'un vert brillant, le croupion bleu ; les plumes des ailes sont variées de blanc, de bleu et de vert ; la poitrine, le ventre et les cuisses jaunes ; la queue, de deux pouces et demi de long, est noire, excepté quelques plumes qui sont bordées de bleu ; les jambes et les pieds sont couleur de plomb.

Ces oiseaux se nourrissent d'insectes, de graines et de fruits. Ils attaquent quelquefois des oiseaux deux ou trois fois plus gros qu'eux, particuliérement la chouette, dont ils cherchent à crever les yeux. Quand ils ont saisi de petits oiseaux, ils leur percent le crâne pour se nourrir de leur cervelle.

Il y a plusieurs espèces de mésanges ; la plus grande a environ cinq pouces de long : toutes construisent leur nid avec le plus grand art. La mésange bleue est très-féconde, et pond dix-huit ou vingt œufs à chaque couvée.

LE REMIZ.

Cet oiseau a quatre pouces et demi de long : le sommet de la tête est blanchâtre, le dessus du cou cendré; tout le dessus du corps gris, le front noir, le dessus du corps jaunâtre; les pennes des ailes et de la queue sont brunes, bordées de blanchâtre; et les pieds d'un cendré rougeâtre.

Ce qu'il y a de plus curieux dans l'histoire des remiz, c'est l'art recherché qu'ils apportent à la construction de leur nid; ils y emploient ce duvet léger qui se trouve aux aigrettes des fleurs du saule, du peuplier, du tremble, des chardons, etc. ; ils savent entrelacer avec leur bec cette matière filamenteuse et en former un tissu épais et serré, presque semblable à du drap; ils fortifient le dehors avec des fibres et de petites racines qui pénètrent dans la texture, et font en quelque sorte la charpente du nid; ils garnissent le dedans du même duvet non ouvré, pour que leurs petits y soient mollement; ils le ferment par en haut pour conserver sa chaleur, et le suspendent avec du chanvre, de l'ortie, etc. à la bifurcation d'une petite branche mobile, donnant sur une eau courante, pour être bercés plus doucement par la liante élasticité de la branche, pour se trouver

toujours dans l'abondance, les insectes aquatiques étant leur principale nourriture ; enfin, pour
se mettre en sûreté contre les rats, les lézards et
les couleuvres, leurs plus dangereux ennemis. Ce
nid ressemble, tantôt à un sac, tantôt à une bourse
fermée : il a son entrée dans le flanc, presque toujours tourné du côté de l'eau ; c'est une ouverture
à peu près ronde, d'un pouce et demi de diamètre et au-dessous, dont le contour se relève en
un rebord plus ou moins saillant ; quelquefois elle
est sans aucun rebord. On voit des nids de remiz
dans les marais des environs de Bologne, dans
ceux de la Toscane, en Lithuanie, en Pologne et
en Allemagne ; on en trouve aussi dans la Russie
et la Sibérie, partout en un mot où croissent les
plantes qui fournissent cette matière cotonneuse
employée à leur construction. Les paysans ont
pour eux une vénération superstitieuse ; chaque
cabane a un de ces nids suspendu près de la porte ;
les propriétaires les regardent comme un véritable
paratonnerre, et le petit architecte qui le construit
comme un oiseau sacré.

LA MÉSANGE BARBUE,
ou LA MOUSTACHE.

Cette espèce est plus petite que la mésange commune ; le bec est jaune, épais et court ; la tête est remarquable par une plaque noire, à peu près triangulaire, qui s'élève de chaque côté au-dessus des yeux ; son sommet, dirigé en en-bas, tombe sur le cou, à neuf ou dix lignes de la base : on a trouvé à ces deux plaques noires, dont les plumes sont assez longues, quelque rapport avec une moustache ; et de-là dérivent les noms qui ont été donnés dans tous les pays à cet oiseau. Le dos, les ailes et le dessus du corps sont bruns, la poitrine et le ventre d'un blanc jaunâtre ; il y a deux taches blanches sur les couvertures des ailes ; la queue est brune, et a environ deux pouces de long.

La femelle n'a point de moustaches ; elle est d'un brun foncé, plus petite et plus belle que le mâle, qui, dit-on, l'aime excessivement, et a le soin de la couvrir de ses ailes pendant la nuit, lorsqu'ils reposent.

Madame la comtesse d'Albermale ayant rapporté du Danemarck, une cage pleine de ces oiseaux, quelques-uns s'échappèrent et fondèrent une colonie en Angleterre, où ils étaient inconnus auparavant. Ils habitent les lieux marécageux, et se nourrissent de la graine de roseau. On en trouve beaucoup dans les provinces d'Essex et de Lincoln.

LA MÉSANGE A LONGUE QUEUE.

Cet oiseau a le bec fort, très-court, et les narines garnies de petites plumes; l'iris des yeux est noisette, et les paupières sont jaunes; le sommet de la tête est blanc; l'œil est entouré d'une ligne noire qui se prolonge jusque par-derrière le cou; le dos est brun clair tacheté de noir; les pennes de l'aile sont noires, bordées de blanc; la poitrine et le ventre blancs, parsemés de petites taches brunes; les jambes et les pieds noirs; la queue est étagée et plus longue que le corps. Cette mésange a le corps effilé et le vol très-rapide, et on la prendrait, lorsqu'elle vole, pour une flèche qui fend l'air; elle est continuellement en mouvement, voltigeant d'arbuste en arbuste avec une promptitude extrême.

Cet oiseau ne cache point son nid dans un trou d'arbre, où il serait mal à son aise avec sa longue queue; il l'attache solidement sur les branches des arbrisseaux, à trois ou quatre pieds de terre; il lui donne une forme ovale et presque cylindrique, le ferme par-dessus, laisse une entrée d'un pouce de diamètre dans le côté, et se ménage quelquefois deux issues qui se répondent, afin d'éviter l'embarras de se retourner; précaution d'autant plus utile, que les pennes de sa queue se détachent avec facilité et tombent au plus léger froissement. L'enveloppe extérieur de ce nid est composée de brins d'herbe, de mousse, de lichen, et le dedans est garni d'une grande quantité de plumes douces. Les jeunes vont avec les père et mère pendant tout l'hiver; ils n'ont qu'un petit cri aigu, seulement pour se rappeler; mais au printemps leur ramage prend de la force et devient très-mélodieux.

Ces oiseaux sont utiles, en ce qu'ils détruisent les chenilles et les œufs d'autres insectes également nuisibles aux fruits. On les trouve dans les pays septentrionaux de l'Europe.

LA PETITE CHARBONNIÈRE.

CET oiseau a quatre pouces de longueur, et ne pèse que deux drachmes : le bec est noir ainsi que la tête, la gorge et une partie de la poitrine; il y a une ligne blanche dessous l'œil, qui s'étend de chaque côté du cou , et une tache de la même couleur sur le derrière de la tête. Le dos est vert cendré ; les pennes des ailes sont terminées de blanc, ce qui forme deux lignes de cette couleur qui traversent obliquement les ailes ; le dessous du corps est blanc rougeâtre, les jambes sont couleur de plomb, et la queue est un peu fourchue à l'extrémité.

La nonette cendrée ou mésange de marais, regardée comme une variété de la petite charbonnière, a toute la tête et le derrière du cou d'un noir profond; elle a environ cinq pouces de long; elle se nourrit de guêpes, d'abeilles et d'autres insectes, ainsi que de graines, dont elle fait une provision pour l'hiver. Elle habite les endroits humides et marécageux, d'où lui vient son nom de mésange de marais.

LA MÉSANGE DU CAP.

Nous ne remarquerons de cet oiseau que son nid,
qui est construit avec une espèce de duvet, tissu
comme de la flanelle, aussi doux et aussi moëlleux.
Ce nid a son entrée par le côté, et cette entrée est
recouverte par une espèce d'avance ou d'auvent
continu avec le nid, qui le dépasse de plus de dix-
huit lignes. Il y a encore sur le côté un petit trou
qui n'a rien de commun avec le nid, et dans lequel
le mâle se tient la nuit.

———

CHAPITRE XII.

LE MOQUEUR.

Le plumage de cet oiseau est bien loin de répondre à la beauté de son chant : il est à peu près de la grosseur du merle , quoique plus mince , et il ressemble assez à la grive pour les couleurs ; le dessus du corps est d'un gris-brun , plus ou moins foncé ; les ailes , brunes , sont traversées obliquement par une raie blanche ; la queue , de la même couleur , est aussi bordée de blanc ; le dessous du corps est entièrement blanc.

Cet oiseau est commun en Amérique et à la Jamaïque. Presque tous les voyageurs s'accordent à dire qu'autant les couleurs du plumage des oiseaux de ce pays sont vives , riches , éclatantes , autant le son de leur voix est aigre , rauque et désagréable. Celui-ci est , au contraire , si l'on en croit Fernandez , Nieremberg et les Américains , le chantre le plus excellent parmi tous les volatiles de l'univers , sans même en excepter le rossignol ; car il charme comme lui, par les accens flatteurs de son ramage, et de plus il amuse par le talent inné qu'il a de contrefaire le chant ou plutôt le cris des autres oiseaux ; et c'est de-là sans doute que lui est venu le nom de *moqueur*. Cependant, bien loin de rendre ridicules ces chants étrangers qu'il répète, il paraît ne les imiter que pour *les* embellir : on croirait qu'en s'appropriant ainsi tous les sons qui frappent ses oreilles, il ne cherche qu'à enrichir et perfectionner son propre chant, et qu'à exercer de toutes les manières possibles, son infatigable gosier. Aussi les Mexicains lui ont-ils donné le nom de *cencontlatolli*, qui veut dire quatre cents langues, et les savans celui de *polyglotte*, qui signifie à peu près la même chose. Non-seulement le moqueur chante bien et avec goût, mais il chante avec action, avec âme, ou plutôt son chant n'est que l'expression de ses affections intérieures ; il s'anime à sa propre voix, et l'accompagne par des mouvemens cadencés, toujours assortis à l'inépuisable variété de ses phrases naturelles et acquises. Son prélude ordinaire est de s'élever peu à peu, les ailes étendues, de retomber ensuite la tête en bas, au même point d'où il était parti ; et ce n'est qu'après avoir continué quelque temps ce bizarre exercice, que commence l'accord de ses mouvemens divers, ou, si l'on veut, de sa danse, avec les différens caractères de son chant.

Le moqueur s'amuse souvent à attirer les petits oiseaux, en contrefaisant le cri de leur femelle ; et lorsqu'ils sont près de lui, il les épouvante et les fait fuir, en imitant celui de l'aigle.

Le nid de ces oiseaux est semblable à celui de la grive. Ils le placent communément sur des buissons ou des arbres fruitiers ; mais si quelqu'un regarde seulement le nid, ils l'abandonnent aussitôt. La femelle pond quatre ou cinq œufs. Quoique le moqueur paraisse aimer la société de l'homme, puisqu'il s'approche de ses habitations, il est cependant très-difficile de l'élever ; on n'y réussit qu'à force de soins et de précaution. Ces oiseaux se nourrissent de toutes sortes de baies, d'insectes, particulièrement de sauterelles ; leur chair est très-délicate.

L'ALOUETTE.

L'alouette se distingue de tous les petits oiseaux, par la longueur de son talon : le plumage est en général gris-noirâtre ; les deux plumes du milieu de la queue sont nuancées de rouge ; les pieds et les ongles d'un gris clair ; le mâle a de plus que la femelle, un collier noir.

Cet oiseau est vigoureux et vit long-temps : il a environ six pouces un quart de longueur , et le plus gros ne pèse pas deux onces. On l'apprivoise assez facilement ; il devient même familier jusqu'à venir manger sur la table et se poser sur la main ; mais il ne peut se tenir sur le doigt , à cause de la conformation de l'ongle postérieur , trop long et trop droit pour pouvoir l'embrasser : c'est sans doute par la même raison qu'il ne se perche jamais sur les arbres.

L'alouette commence à chanter dès les premiers jours du printemps , et elle continue pendant toute la belle saison ; le matin et le soir sont les temps de la journée où elle se fait le plus entendre. Elle est du petit nombre des oiseaux qui chantent en volant ; plus elle s'élève , plus elle force la voix ; et souvent elle la force à un tel point, que , quoiqu'elle se soutienne au haut des airs et à perte de vue, on l'entend encore distinctement. Sa manière de voler est de s'élever presque perpendiculairement et par reprises, et de se soutenir à une grande hauteur ; elle descend au contraire obliquement pour se poser à terre, excepté lorsqu'elle est menacée par un oiseau de proie, ou attirée par une compagne chérie ; car, dans ces deux cas, elle se précipite comme une pierre qui tombe.

L'hiver, les alouettes deviennent très-grasses ; elles descendent dans la plaine, se rassemblent en troupes nombreuses, et c'est alors que les oiseleurs en prennent une grande quantité. Ils se servent de différens piéges ; mais il en est un qu'on emploie plus communément, et qui en a tiré sa dénomination de *filet d'alouette*. Pour réussir à cette chasse, il faut une matinée fraîche, un beau soleil, un miroir tournant sur son pivot, et une ou deux alouettes vivantes qui rappellent les autres ; car on ne sait pas encore assez imiter leur chant pour les tromper. Les éclairs de lumière que jette de toutes parts ce miroir en mouvement, excitent leur curiosité ; elles viennent en foule, et se laissent prendre facilement. Les oiseleurs se servent aussi de gluaux pour la chasse aux alouettes.

Ces oiseaux étant jeunes se nourrissent de vers et d'insectes, mais ensuite ils vivent principalement de graines, d'herbages et d'autres substances végétales. La femelle place son nid entre deux mottes de terre ; elle le garnit intérieurement d'herbes et de petites racines sèches. Elle pond quatre ou cinq œufs gris, tachetés de brun; elle ne les couve que quinze jours au plus, et fait ordinairement deux pontes par an. Les petits se tiennent un peu séparés les uns des autres, car la mère ne les rassemble pas toujours sous ses ailes ; mais elle voltige souvent au-dessus de la couvée, la suivant de l'œil, avec une sollicitude vraiment maternelle, dirigeant tous ses mouvemens, pourvoyant à tous ses besoins, veillant à tous ses dangers.

L'instinct qui porte les alouettes femelles à élever et à soigner ainsi leurs petits, se déclare quelquefois de très-bonne heure, et même avant celui qui les dispose à devenir mères, et qui dans l'ordre de la nature devrait, ce semble, précéder. « On m'avait apporté, dit M. de Buffon, une jeune alouette qui ne mangeait pas encore seule ; je la fis élever, et elle était à peine sevrée lorsqu'on m'apporta d'un autre endroit une couvée de trois ou quatre petits de la même espèce. Elle se prit d'une affection singulière pour ces nouveaux venus, qui n'étaient pas beaucoup plus jeunes qu'elle ; elle les soignait nuit et jour, les réchauffait sous ses ailes, leur enfonçait la nourriture dans la gorge avec le bec; rien n'était capable de la détourner de ces intéressantes fonctions. Si on l'arrachait de dessus ces petits, elle revolait à eux dès qu'elle était libre, sans jamais songer à prendre sa volée, comme elle l'aurait pu cent fois. Son affection ne faisant que croître, elle en oublia, à la lettre, le boire et le manger; elle ne vivait plus que de la becquée qu'on lui donnait en même temps qu'à ses petits adoptifs, et elle mourut enfin consumée par cette espèce de passion maternelle. Aucun de ces petits ne lui survécut; ils moururent tous les uns après les autres, tant ses soins leur étaient devenus nécessaires, tant ces mêmes soins étaient non-seulement affectionnés, mais bien entendus. »

Lorsqu'on veut élever des alouettes, il faut les prendre dans le nid dix jours après qu'elles sont écloses : on les nourrit d'abord avec de la mie de pain et du chènevis, mêlés dans du lait bouilli; mais dès qu'elles commencent à faire entendre leur ramage, il faut leur donner du cœur de mouton ou du veau bouilli haché avec des œufs durs ; on y ajoute le blé, le millet, la graine de lin, de pavots et de chènevis écrasé, tout cela détrempé dans du lait. Il faut surtout les tenir chaudement et proprement. Il faut aussi mettre dans le fond de leur cage une couche assez épaisse de sablon, y ajouter du gazon frais souvent renouvelé, et avoir l'attention que la cage soit un peu spacieuse.

Il y a une espèce d'alouette dont la tête est surmontée d'une crête ou huppe que l'oiseau baisse et relève à volonté.

LE CUJELIER ou L'ALOUETTE DES BOIS.

Cet oiseau est d'une grande beauté, tant pour la forme que pour la couleur : la poitrine et le ventre sont jaune pâle, agréablement tacheté de noir ; la tête et le dos noir et jaune rougeâtre. Le mâle se distingue par une espèce de couronne blanchâtre que n'a pas la femelle, quoiqu'elle ait de même une ligne blanche autour des yeux : il a aussi la tête plus grosse, la queue longue et brune, à l'exception des deux dernières plumes de chaque côté, qui sont tachetées de blanc ; il a trois petites plumes blanches sur chaque épaule, tandis que la femelle n'en a que deux : celle-ci a le talon court, et chez le mâle il est très-long. Cet oiseau ne pèse pas plus d'une once ; sa longueur est de six pouces : il s'élève très-haut en chantant, et se soutient en l'air, ainsi que l'alouette.

Le chant du cujelier est délicieux, et approche beaucoup de celui du rossignol. Il couve tout au commencement du printemps; il fait son nid au pied d'un buisson ou d'une haie, et le cache sous une motte de gazon. Ce nid est composé en dehors d'herbes sèches, de petites racines, et garni en dedans de crin. La femelle pond quatre œufs tachetés de rouge et de jaune.

Ces oiseaux sont si délicats qu'il est extrême-ment difficile de les élever soi-même : on les nourrit de la même manière que les alouettes or-dinaires. Dans l'état de liberté, ils vivent de sca-rabées, de chenilles, et de toutes les graines qu'ils peuvent trouver.

Le cujelier se prend avec les mêmes piéges qu'on emploie pour l'alouette commune. Il se familiarise aisément. Albin dit qu'on fait la chasse à ces oiseaux en trois saisons, en été, au mois de septembre, et au mois de janvier : cette dernière saison est la meilleure; les jeunes cujeliers qu'on prend alors chantent mieux et plus distinctement que les autres.

On appelle le cujelier, alouette des bois et *branchier*, non pas qu'il vive dans les bois, où il ne s'enfonce jamais, mais parce qu'il niche auprès

des taillis, et qu'il se perche sur les grosses branches, tandis que l'alouette commune ne se pose
qu'à terre.

———

LA FARLOUSE ou L'ALOUETTE DES PRÉS.

Cette alouette n'a que six pouces de longueur
et dix pouces un quart d'envergure : la tête est
petite, le corps long et mince; l'iris de l'œil est
noisette; le sommet de la tête et le dessus du corps
sont olivâtres, mêlés de noir et de cendré; la
poitrine est d'un blanc jaune tacheté de noir, le
ventre blanc sans aucune tache; les pennes des
ailes sont presque noires, bordées d'olivâtre,
celles de la queue de même, excepté les plus
extérieures, qui sont bordées de blanc; les pieds
sont jaunes, et les ongles très-longs. En général,
le mâle a plus de jaune que la femelle à la gorge,
à la poitrine, aux jambes, et même sous les
pieds.

Ces oiseaux se nourrissent d'insectes et de
graines, comme les autres alouettes. Ils construisent leur nid avec de la mousse et du crin,
et le placent sur des buissons peu élevés, sur

l'herbe, et dans les champs de blé. La femelle pond communément cinq ou six œufs brun foncé. On peut élever les petits en les soignant de la même manière que les cujeliers et les rossignols. Ils s'apprivoisent très-facilement.

LE BEC–CROISÉ.

Cet oiseau est de la grosseur d'une alouette; il a environ sept pouces de long : son bec est d'une construction singulière; les deux mandibules, courbées à leur extrémité, se croisent en sens opposé; les yeux sont noisette. Le plumage, en général, est rouge mêlée de brun sur les parties supérieures du corps; les parties inférieures sont beaucoup plus pâles, et le ventre est presque blanc, les ailes sont courtes et brunes, ainsi que la queue, qui est un peu fourchue; les jambes sont noires. Au reste, le plumage de ces oiseaux est extrêmement variable, car il change de couleur plusieurs fois dans l'année.

C'est à tort que M. de Buffon a dit du bec de cet oiseau qu'il lui était plus nuisible qu'utile, puisque ce bec difforme paraît fait exprès pour

détacher et enlever les écailles des pommes de pin ,
et en tirer la graine , dont l'oiseau fait sa principale nourriture : il place le crochet inférieur de
son bec au-dessous de l'écaille pour la soulever,
et il la sépare avec le crochet supérieur. Il est
tellement attentif à cette opération , que pendant
ce temps on peut le prendre facilement avec des
filets de crin.

Les oiseleurs allemands nourrissent ces oiseaux
avec des graines de pavots et de chènevis, qu'ils
savent très-bien éplucher. Etant en cage , ils ont
quelque ressemblance dans les manières avec le
perroquet ; ils montent, ainsi que lui , autour de
la cage, en s'aidant de leur bec ; et cette circonstance, jointe à la beauté de leur plumage , les a
fait nommer par quelques-uns *perroquets d'Allemagne.*

Le bec croisé n'habite que les climats froids ,
ou les montagnes dans les pays tempérés. On le
trouve en Russie, en Suède , en Pologne , en Allemagne , en Suisse , dans le Alpes et dans les
Pyrénées. Ils arrivent quelquefois comme par
hasard et en grandes troupes dans d'autres pays.
Ils sont rares en Angleterre , et ils n'y font que
quelques apparitions irrégulières. Ils font leur
nid dès le mois de janvier ; ils l'établissent sous
les grosses branches de pins , et l'y attachent avec

la résine de ces arbres ; ils l'enduisent de cette matière, en sorte que l'humidité de la neige ou des pluies ne peut guère y pénétrer. La femelle pond quatre ou cinq œufs tachetés de rouge au gros bout.

LE GROS-BEC.

Cet oiseau solitaire et sauvage a près de sept pouces de longueur : le bec, couleur de corne, prodigieusement épais à sa base, et de forme conique, est entouré de noir ; les yeux sont cendrés ; le sommet de la tête et les joues sont rougeâtres ; quelques pennes des ailes sont blanches, et la plus grande partie est grise ; le dessous du corps est jaune blanchâtre ; la queue noire a les plumes les plus extérieures tachetées de blanc ; les jambes sont brun pâle. La femelle est semblable au mâle ; mais elle a les couleurs moins vives, et le tour de son bec est gris au lieu d'être noir. Au reste, le plumage de ces oiseaux varie extrêmement : on en voit quelques-uns dont la tête et le dessus du corps sont noirs, et d'autres entièrement blancs, excepté les ailes.

Le gros-bec appartient aux climats tempérés, depuis l'Espagne et l'Italie jusqu'en Suède : il ne visite l'Angleterre qu'accidentellement, et presque toujours en hiver. Cet oiseau n'a aucun chant ni même de ramage décidé. L'été il habite ordinairement les bois, et vient autour des hameaux et des fermes en hiver. La femelle bâtit son nid sur les arbres : il est composé d'herbes et de racines sèches, et garni de matériaux plus doux ; elle pond communément cinq œufs bleuâtres, tachetés de brun ; elle nourrit ses petits d'insectes et de chrysalides.

Il y a une autre espèce de gros-bec qu'on ne trouve qu'au nord de l'Angleterre, et dans quelques autres pays septentrionaux de l'Europe ; qu'on appelle le gros-bec de pin, parce qu'il habite les forêts de pins, et qu'il se nourrit des graines de cet arbre. La femelle bâtit son nid sur les arbres, à peu de distance de terre, et pond quatre œufs blancs.

Le gros-bec vert, ainsi appelé à cause de sa couleur, est une autre espèce commune dans la Grande-Bretagne : il se familiarise aisément. La femelle fait son nid dans les haies ou les buissons bas ; elle pond cinq ou six œufs d'une couleur verdâtre, marqués au gros bout de taches rouge-brun. Elle couve avec tant d'attention, qu'on la prend quelquefois dans ce moment-là. Le mâle est très-tendre pour elle, et couve aussi pour la soulager.

———

LE GROS–BEC CARDINAL.

Cet oiseau a près de huit pouces de longueur : le bec est fort et rouge pâle ; la tête est ornée d'une huppe ; le plumage, en général, est d'un beau rouge ; le tour du bec et de la gorge sont noirs, et les jambes de la même couleur que le bec.

Le gros-bec cardinal se trouve au nord de l'Amérique. Son chant est délicieux, et ressemble tant à celui du rossignol, que les Américains lui ont donné le même nom. Au printemps, et pendant la plus grande partie de l'été, il se pose sur le sommet des arbres les plus hauts, et fait retentir les forêts de sa voix mélodieuse. On garde souvent ces oiseaux en cage, et on jouit de leur chant presque toute l'année.

Le cardinal fait pendant l'été une provision de millet de maïs pour l'hiver. On a trouvé dans la retraite d'un de ces oiseaux près d'un boisseau de maïs soigneusement recouvert de feuilles et de branches d'arbres, avec un seul petit trou pour entrée.

LE GROS-BEC GRENADIER.

CETTE espèce est de la grosseur d'un moineau ; le corps est, en général, d'une belle couleur écarlate ; le front, les côtés de la tête, la poitrine et le ventre sont noirs, les ailes brunes, et les jambes brun clair.

Cet oiseau se trouve au cap de Bonne-Espérance, et dans quelques autres parties de l'Afrique. On doit croire que c'est celui que Kolben a décrit dans sa Relation du Cap : il dit qu'on le trouve principalement dans les terrains marécageux, parmi les roseaux où il bâtit son nid, qui est composé de petites branches si bien entrelacées avec du coton, que l'air n'y peut pas pénétrer. Ce nid est divisé en deux compartimens : le supérieur est occupé par le mâle, et l'inférieur par la femelle et les petits. En hiver, ces oiseaux prennent la couleur cendrée au lieu de l'écarlate.

La couleur brillante de ces oiseaux produit un merveilleux effet au milieu des roseaux où ils se tiennent : on croirait de loin voir un champ de lis écarlate.

LE GROS-BEC D'ABYSSINIE.

Cet oiseau est un peu plus gros que le gros-bec grenadier. Il a le bec fort et noir, ainsi que la tête, la gorge et la poitrine ; le dessus du corps, le ventre et les cuisses sont brun-jaunâtre ; les pennes des ailes et de la queue brunes, bordées de jaune ; les jambes gris-rougeâtre. La forme du nid de cet oiseau est à peu près pyramidale ; il le suspend toujours au-dessus de l'eau, à l'extrémité d'une petite branche : l'ouverture est sur l'une des faces de la pyramide, ordinairement tournée à l'est ; la cavité de cette pyramide est séparée en deux par une cloison, ce qui forme pour ainsi dire deux chambres : la première, où est l'entrée du nid, est une espèce de vestibule où l'oiseau s'introduit d'abord, ensuite il grimpe le long de la cloison intermédiaire, puis il redescend jusqu'au fond de la seconde chambre, où sont les œufs. Par l'artifice assez compliqué de cette construction, la couvée est non-seulement à l'abri des singes, des écureuils et des serpens, mais aussi des pluies qui tombent en Abyssinie pendant six mois de suite.

LE GROS-BEC DU BENGALE.

Dans les Recherches Asiatiques on trouve la description suivante de cet oiseau par sir William Jones : « Il est un peu plus gros qu'un moineau ; le plumage est jaune-brun, la tête et les pieds sont jaunâtres ; le bec de forme conique et très-épais proportionnellement au corps. »

Cet oiseau est très-commun dans l'Indostan ; il est étonnamment sensible, docile et fidèle ; il n'abandonne jamais volontairement le lieu où sont ses petits : bien différent de la plus grande partie des oiseaux, il aime la société de l'homme, et il se tient volontiers perché sur la main de son maître. Il batit son nid sur les arbres les plus hauts, particulièrement sur le palmier ou le figuier indien, choisissant de préférence ceux qui se trouvent au bord d'un ruisseau. Ce nid est composé d'herbes entrelacées, et suspendu aux branches de manière à être bercé par le vent ; l'entrée est placée en dessous pour le garantir des oiseaux de proie ; il est communément divisé en deux ou trois cases. Le peuple croit que cet oiseau éclaire son nid pendant la nuit avec des mouches luisantes ; mais il est plus vraisemblable qu'il ne les y porte que pour en faire sa nourriture , car cette lumière ne saurait lui être nécessaire.

On apprend facilement à cet oiseau à rapporter , ainsi qu'un chien , une feuille de papier ou d'autres petits objets : on assure que si son maître jette dans un puits profond une bague , et lui ordonne de l'aller chercher , il se précipite avec une telle promptitude qu'il la saisit avant qu'elle soit tombée dans l'eau , et la rend avec un air de triomphe. On prétend qu'il suffit de lui montrer une maison une fois ou deux pour pouvoir l'y envoyer porter un billet. Les jeunes femmes indiennes portent comme ornement sur le front , une petite plaque d'or appelée ticas , légèrement attachée; et lorsqu'elles se promènent dans les rues , il arrive souvent que les jeunes gens qui s'amusent à élever de ces oiseaux , les envoient , à un certain signal , dérober ce morceau d'or sur le front de leur maîtresse.

LE GROS-BEC SOCIABLE. (1)

Cet oiseau se trouve au cap de Bonne-Espérance ; M. Paterson est le premier qui l'ait découvert. Il y a peu d'oiseaux qui vivent en aussi grande communauté que celui-ci ; il bâtit son nid sur une espèce de mimosa, arbre extrêmement gros, et dont les branches fortes et étendues sont capables de supporter la dimension qu'il lui donne. Le tronc haut et lisse de cet arbre le met aussi parfaitement à l'abri des singes et des serpens. La manière dont cet oiseau construit son nid est très-curieuse ; il y a quelquefois jusqu'à huit cents nids réunis sous le même toit, car la couverture ressemble au toit d'une chaumière. Ces oiseaux ajoutent tous les ans autant de nids qu'il y a de familles de plus dans la communauté ; et lorsque l'arbre sur lequel est bâtie cette ville aërienne devient trop petit, ils l'abandonnent et en choisissent un autre. M. Paterson examina l'intérieur d'un de ces nids abandonnés : il avait

______

(1) Cet oiseau, ainsi que le précédent, n'étaient pas connus de M. de Buffon. (*Note du traducteur.*)

plusieurs ouvertures , dont chacune formait une rue régulière, bordée de chaque côté de nids posés à deux pouces de distance l'un de l'autre. L'herbe avec laquelle ce nid était tissu , est, à ce que l'on croit, celle dont la graine leur sert de nourriture, quoiqu'on ait trouvé dans leur nid des ailes et des pieds de différens insectes.

LE BOUVREUIL.

Cet oiseau est très-commun ; il a ordinairement six pouces de longueur, et pèse à peu près treize drachmes , il a le bec noir, court, fort et crochu, la partie supérieure dépassant l'inférieure, comme dans le faucon ; la langue est courte ; les yeux sont couleur de noisette ; la tête et le cou gros proportionnellement au reste du corps.

Les bouvreuils passent la belle saison dans les bois ou sur les montagnes ; ils y font leur nid sur les buissons ; mais dans l'hiver ils s'approchent des jardins et des vergers, où ils ravagent les bourgeons des arbres. La femelle pond cinq à six œufs bleuâtres , tachetés de rouge et de brun ; elle est de la même grosseur que le mâle, mais les couleurs de son plumage sont moins belles.

Dans l'état sauvage, le bouvreuil n'a que trois cris, tous fort peu agréables : mais lorsque l'homme daigne se charger de son éducation, lorsqu'il veut bien lui donner des leçons de goût, lui faire entendre avec méthode des sons plus beaux, plus moëlleux, mieux filés, l'oiseau docile, soit mâle, soit femelle, non-seulement les imite avec justesse, mais quelquefois les perfectionne et surpasse son maître. A la vérité, il retient de même les mauvaises leçons. Un ami de M. de Buffon vit un bouvreuil qui, n'ayant jamais entendu que des charretiers siffler, les imitait, et sifflait avec autant de grossièreté qu'eux. Cet oiseau apprend aussi à parler sans beaucoup de peine, et à donner à ses petites phrases un accent pénétrant, une expression intéressante, qui ferait presque soupçonner en lui une âme sensible. Au reste, le bouvreuil est capable d'attachement personnel, et même d'un attachement très-fort et très-durable ; on en a vu d'apprivoisés s'échapper de la volière, vivre en liberté dans les bois pendant l'espace d'une année, et, au bout de ce temps, reconnaître la voix de la personne qui les avait élevés, et revenir à elle pour ne plus l'abandonner. On en a vu d'autres qui,

ayant été forcés de quitter leur premier maître,
se sont laissés mourir de regret. Ces oiseaux se
souviennent fort bien de ce qui leur a nui : un
d'eux ayant été jeté par terre avec sa cage par
des gens de la plus vile populace, n'en parut pas
d'abord fort affecté ; mais dans la suite on s'a-
perçut qu'il tombait en convulsion toutes les fois
qu'il voyait des gens mal vêtus, et il mourut
dans un de ces accès, huit mois après le premier
événement.

Le bouvreuil est très-estimé en Angleterre pour
sa beauté et sa voix. On ne doit prendre ces oiseaux dans le nid que douze jours après qu'ils sont
éclos ; on les nourrit de la même manière que la
linotte et le pinson. Il faut beaucoup de temps et
de patience pour les élever ; mais si l'on veut qu'ils
soient attentifs à leurs leçons, il faut ne leur donner leur nourriture qu'après les leur avoir fait
répéter.

L'AGAMI.

Cet oiseau a vingt-deux pouces de longueur ; les jambes ont cinq pouces de hauteur et sont couvertes de petites écailles qui s'étendent jusqu'à deux pouces au-dessus du genou, le plumage en général est noir ; la tête, ainsi que la gorge et la moitié supérieure du cou, en dessus et en dessous, sont revêtues d'un duvet court et très-doux au toucher, la partie antérieure du bas du cou, ainsi que la poitrine, sont ornées d'une belle plaque de près de quatre pouces d'étendue, dont les couleurs éclatantes varient entre le vert doré, le bleu et le violet ; les ailes sont noires ainsi que la queue qui est très-courte, et dépassée par les couvertures supérieures ; les pieds sont verdâtres ; le bec, d'un jaune vert, ressemble parfaitement à celui des gallinacées.

Le caractère le plus remarquable de ces oiseaux consiste dans le son singulier qu'ils ont la faculté de faire entendre sans ouvrir le bec ; ce son équivoque, qui ressemble au roucoulement des pigeons, est quelquefois précédé d'un cri sauvage, interrompu par un son comme celui que rendrait ce mot *scherck, scherck*. Ce bruit sourd ressemble beaucoup aussi à celui que font les boulangers hollandais en soufflant dans une trompette de verre pour avertir qu'ils ont retiré le pain du four. A l'égard de la formation du son bizarre que rend l'agami, il peut provenir de la grande étendue de son poumon et des cloisons membraneuses qui le traversent; et il est probable que ce bruit parvient à l'oreille à travers les membranes et les chairs, car on ne lui voit point ouvrir le bec.

L'agami s'apprivoise facilement, et s'attache toujours à son maître ou à son bienfaiteur. « Je l'ai éprouvé moi-même, dit M. Vosmaër, en ayant élevé un tout jeune; lorsque le matin j'ouvrais sa cage, cette caressante bête me sautait autour du corps, les deux ailes étendues, trompettant (c'est ainsi que plusieurs croient devoir exprimer ce son), comme si, de cette manière, il voulait me souhaiter le bonjour. Il ne me faisait pas un accueil moins affectueux quand j'étais sorti et que je revenais au logis : à peine m'apercevait-il de loin, qu'il courait à moi, quoique j'arrivasse en bateau, et en mettant pied à terre il me félicitait de mon arrivée par les mêmes complimens, ce qu'il ne faisait qu'à moi seul en particulier, et jamais à d'autres.

Si l'on garde un agami dans la maison, il vient au-devant de son maître, l'accable de caresses, et suit tous ses mouvemens ; mais aussi lorsqu'il prend quelqu'un en guignon, il le chasse à coups de bec dans les jambes, et le reconduit quelquefois fort loin, toujours avec les mêmes démonstrations d'humeur et de colère. Il obéit à la voix de son maître, il vient même auprès de tous ceux qu'il ne hait pas, dès qu'il est appelé ; il aime à recevoir des caresses, et présente surtout la tête et le cou pour les faire gratter ; lorsqu'il est une fois accoutumé à ces complaisances, il en devient importun, et semble exiger qu'on les renouvelle à chaque instant. Il arrive aussi, sans être appelé, toutes les fois qu'on est à table : il commence par chasser les chats et les chiens, et se rendre le maître de la chambre avant de demander à manger ; car il est si confiant et si courageux, qu'il ne fuit jamais, et les chiens de taille ordinaire sont obligés de lui céder. Il sait éviter la dent du chien en s'élevant en l'air, et retombant ensuite sur son adversaire, auquel il cherche à crever les yeux, et il le meurtrit à coups de bec et d'ongles ; lorsqu'une fois il s'est rendu vainqueur, il poursuit son ennemi avec un acharnement singulier, et finirait par le faire périr si on ne les séparait. Enfin il prend, dans le commerce de l'homme, presque autant d'intérêt relatif que le chien, et l'on assure même qu'on peut apprendre à l'agami à conduire un troupeau de moutons. Il paraît encore qu'il est jaloux de tous ceux qui peuvent partager les caresses de son maître ; car, souvent lorsqu'il vient autour de la table, il donne de violens coups de bec contre les jambes nues des nègres ou des autres domestiques quand ils approchent de la personne de son maître.

« Presque tous ce oiseaux (dit M. de La Borde, dans une lettre adressée à M. de Buffon), prennent à tic de suivre quelqu'un dans les rues ou hors de la ville, des personnes même qu'ils n'ont jamais vues : on a beaucoup de peine à s'en débarrasser ; on a beau se cacher, entrer dans les maisons, ils vous attendent et reviennent toujours à vous, quelquefois pendant plus de trois heures. Je me suis mis à courir quelquefois, ajoute M. de La Borde, ils couraient plus que moi et me surpassaient toujours ; quand je m'arrêtais, ils s'arrêtaient aussi fort près de moi. J'en connais un qui ne manque pas de suivre tous les étrangers qui entrent dans la maison de son maître, et de les suivre dans le jardin, où il fait, dans les allées, autant de tours de promenade qu'eux, jusqu'à ce qu'ils se retirent. »

Dans l'état de nature, l'agami habite les grandes forêts des climats chauds de l'Amérique, ne s'approche pas des endroits découverts, et encore moins des lieux habités. Ils se tiennent en troupes assez nombreuses, et ne fréquentent que les montagnes et d'autres terres élevées. L'agami court plutôt qu'il ne vole, car il ne s'élève jamais que de quelques pieds, pour se reposer à une petite distance sur terre ou sur quelques branches peu élevées. Il se nourrit de fruits sauvages. Lorsqu'on le surprend, il fuit et court extrêmement vite, et jette en même temps un cri aigu semblable à celui du dindon.

La femelle gratte la terre au pied des grands arbres pour y creuser la place où elle dépose ses œufs ; elle ne ramasse rien pour garnir ce trou, et ne fait point d'autre nid : elle pond de dix à seize œufs, suivant son âge, et fait trois pontes dans l'année.

LE FAISAN.

Les naturalistes modernes s'accordent à dire que le faisan appartient à l'ancien continent, et les anciens auteurs disent qu'il fut originairement trouvé sur les bords du Phase, fleuve de la Colchide, dans l'Asie-Mineure, d'où il paraît qu'il a tiré son nom. Quoi qu'il en soit, l'espèce de cet oiseau est depuis long-temps répandue sur la plus grande partie du monde connu, et pendant plusieurs siècles on l'a porté à un très-haut prix, tant pour la délicatesse de sa chair que pour la beauté de son plumage. On raconte que Crésus, roi de Lydie, étant sur son trône, environné de la magnificence royale et de tout le luxe asiatique, demanda à Solon s'il avait jamais rien vu de plus beau? Le philosophe grec, peu touché de cette pompe, et s'énorgueillissant de sa simplicité, répondit qu'il avait vu le brillant plumage du faisan, et qu'aucune autre richesse ne pouvait l'éblouir. Rien, en effet, ne peut surpasser l'éclat et la variété des couleurs de ce bel oiseau : l'iris de l'œil est jaune ; les yeux sont entourés d'écarlate piquetée de noir ; les plumes du sommet de la tête et du dessous du cou sont douces comme la soie, et paraissent bleu et vert doré, selon leurs différentes positions ; celles de la poitrine, des épaules, du dos et des côtés, d'un brun noirâtre, ont aussi, suivant la manière dont la lumière les frappe, des reflets pourpre et vert doré ; la queue, depuis sa naissance jusqu'à l'extrémité des plumes du milieu, qui sont les plus longues, a dix-huit pouces de long ; les jambes, les pieds et les ongles sont couleur de corne ; chaque pied est muni d'un éperon noir, plus court que celui du coq ; les doigts sont joints entre eux par une membrane. Le mâle est beaucoup plus beau que la femelle, dont le plumage est généralement brun clair, mêlé de noir. Le poids ordinaire du mâle est de deux livres douze onces à trois livres quatre onces. La femelle pèse presque toujours dix onces de moins.

La chair de cet oiseau a été regardée pendant long-temps comme le mets le plus recherché qu'on puisse se procurer en automne ; et lorsque les anciens médecins voulaient vanter la salubrité de quelque viande, ils la comparaient à celle du faisan. Ces qualités étaient sans doute suffisantes pour que l'homme s'efforçât de le rendre domestique ; mais il a échoué dans ce dessein, car de telle manière que le faisan soit élevé et instruit, s'il trouve l'occasion de recouvrer sa liberté, il ne la laisse point échapper ; et dédaignant la protection de l'homme, il le quitte pour aller se réfugier dans les bois les plus épais et les forêts les plus solitaires. S'il est pris dans l'état sauvage, l'esclavage le rend furieux ; il fond à grands coups de bec sur les compagnons de sa captivité, et n'épargne pas même le paon.

La femelle du faisan devient quelquefois, avec le temps, aussi belle que le mâle ; mais cela ne lui arrive presque jamais que dans l'état de captivité, et elle est alors rebutée et maltraitée par les autres. Il paraît que ce changement est produit par celui qui s'opère dans son tempérament; car on a remarqué qu'elle devient en même temps stérile. Les mêmes observations ont été faites sur la femelle du paon.

Le faisan habite de préférence les bois où l'herbe devient très-haute; mais, ainsi que la perdrix, la femelle niche souvent dans les champs de trèfle: elle place son nid sur la terre, et le construit de paille, de feuilles sèches et d'autres choses semblables; elle pond douze à quinze œufs, beaucoup plus petits que ceux de la poule. Les petits faisans suivent leur mère aussitôt qu'ils sont éclos. Si la couvée n'est point troublée, elle reste dans les haies et les chaumes jusques après la maturité du blé; dans le cas contraire, elle se retire dans les bois, d'où elle ne sort que le soir et le matin pour aller chercher sa nourriture. Les faisans aiment beaucoup le blé, cependant ils peuvent s'en passer, et se nourrissent aussi de baies sauvages, de glands, et de toutes sortes d'herbages et de grains. Dans la captivité, la femelle pond moins d'œufs, et ne les couve pas avec autant d'assiduité que dans les champs; il est même rare qu'elle fasse un nid : aussi charge-t-on ordinairement la poule commune du soin de couver les œufs.

Les ailes de ces oiseaux sont très-courtes, et les empêchent d'élever leur vol; c'est par cette raison que les faisans de l'île appelée *Isola Madre*, dans le lac Majeur à Turin, sont tous enfermés; car, sans cette précaution, ils essaieraient de traverser le lac, et ce trajet étant au-dessus de leurs forces, ils se noieraient.

A quelques égards, cet oiseau est très-stupide; lorsqu'on le chasse, il se perche souvent sur un arbre, et fixe les chiens avec tant d'attention, qu'il donne au chasseur le temps de le tirer à son aise. On prétend qu'il se croit en sûreté lorsque sa tête est cachée. Cependant les chasseurs racontent plusieurs stratagèmes employés par de vieux faisans lorsqu'ils étaient poursuivis dans les bois, qui prouveraient que cet oiseau sait, comme un autre, user d'adresse quand il s'agit de conserver sa vie.

Aux approches de l'hiver, les faisans se perchent sur les chênes, dès le coucher du soleil, pour y demeurer toute la nuit. On prend ces oiseaux à toutes sortes de piéges; on tend des lacets ou des filets sur les chemins où ils passent soir et matin pour aller chercher leur nourriture. On les chasse aussi à l'oiseau de proie. Les renards en détruisent une grande quantité.

Les mâles commencent à chanter dans la première semaine du mois de mars; on les entend à une distance considérable. Ils viennent souvent dans les fermes voisines des bois qu'ils habitent, et produisent quelquefois une race croisée avec les poules communes.

Quoique ces oiseaux soient extrêmement sauvages, et qu'on ait beaucoup de peine à les apprivoiser, élevés sous les yeux de l'homme ils deviennent moins craintifs, et accourent prendre leur nourriture au coup de sifflet que leur gardien leur donne pour signal.

On trouve des faisans dans plusieurs parties de l'Angleterre; ils sont moins communs dans le nord, et on n'en voit presque pas en Ecosse. Si les gens riches ne prenaient pas des mesures pour qu'ils fussent respectés dans leurs bois, il est probable qu'en peu d'années on éteindrait l'espèce de ces oiseaux.

Il y a plusieurs sortes de faisans, toutes d'un plumage admirablement beau. Quelques-uns sont entièrement couverts de taches brillantes, ce qui leur a fait donner le nom de *faisan-paon :* d'autres sont ornés d'une belle crête : le *faisan doré*, qui se trouve particulièrement en Chine, est environ de la grosseur du *faisan d'Europe :* le *faisan blanc*, de la même grosseur, appartient aux climats septentrionaux. Les habitudes et les mœurs de toutes ces espèces sont les mêmes : elles ne diffèrent que par la couleur du plumage.

La ménagerie royale, à Paris, possède des mâles et des femelles du faisan doré de la Chine et du faisan argenté. On remarque le premier par cette longue huppe d'un jaune d'or, son plumage émaillé des couleurs les plus éclatantes, et l'élégance de ses formes qui le font rechercher comme le plus beau des gallinacées. C'est à cet oiseau qu'on peut rapporter la description que Pline nous a laissée du phénix.

L'OUTARDE.

Cet oiseau a de trois à quatre pied de longueur depuis le bout du bec jusqu'à l'extrémité de la queue, et pèse ordinairement vingt-cinq à trente livres; mais chaque individu varie extrêmement pour la grosseur et les couleurs du plumage; en général, la tête, la gorge et le cou sont couleur de cendre; dessous le bec est une touffe de longues plumes cendrées aussi; un cercle rouge entoure les yeux; le dessus du corps est rougeâtre, tâcheté et rayé transversalement de brun foncé et de fauve; le ventre est blanc, mêlé de rouge; les ailes sont noires et blanches, tachetées de brun et de noir; la queue est rouge dessus et blanche dessous; les plumes qui la composent sont rayées de noir et terminées de gris clair ; le bec est gris foncé ; l'iris de l'œil orange ; les jambes et les pieds sont cendrés, couverts de petites écailles.

La femelle est d'un tiers plus petite que le mâle ; ses couleurs sont moins brillantes, et elle n'a point de touffe de plumes de chaque côté de la tête. Une autre différence existe encore entre eux ; le mâle a sous le cou une espèce de sac ou de poche, capable de contenir deux pintes d'eau, et jusqu'à sept, selon quelques-uns. L'ouverture de ce singulier réservoir est sous la langue : le docteur Douglas est le premier qui l'ait découvert, et il pense que cet oiseau le remplit d'eau ; ce qui lui est d'un grand secours dans les déserts où il fait ordinairement des excursions. C'est aussi pour l'outarde un moyen de défense contre les oiseaux de proie : elle met son ennemi en déroute en lui lançant cette eau avec violence.

L'outarde, quoique fort grosse, est un animal très-craintif, et qui paraît n'avoir ni le sentiment de sa propre force, ni l'instinct de l'employer : elles s'assemblent quelquefois par troupes de cinquante ou soixante, et ne sont pas plus rassurées par leur nombre que par leur force et leur grandeur ; la moindre apparence de danger, ou plutôt la moindre nouveauté les effraie, et elles ne pour-

voient guère à leur conservation que par la fuite.
Leur vol est lent, mais elles courent avec une
grande rapidité. Elles craignent surtout les chiens;
et cela doit être, puisqu'on se sert communément
des chiens pour leur donner la chasse. Leur pu-
sillanimité est telle qu'elles craignent le plus petit
animal assez hardi pour les attaquer, et que, pour
peu qu'on les blesse, elles meurent plutôt de la
peur que de leurs blessures. Si l'on en croit les anciens, l'outarde n'a pas moins d'amitié pour le
cheval, qu'elle a d'antipathie pour le chien; dès
qu'elle aperçoit celui-là, elle, qui craint tout,
vole à sa rencontre, et se met presque sous ses
pieds. En supposant bien constatée cette singulière simpathie entre des animaux si différens, on
pourrait en rendre raison, en disant que l'outarde
trouve dans la fiente du cheval des grains qui ne
sont qu'à demi digérés, et lui font une ressource
dans la disette.

Cet oiseau ne construit point de nid, mais il
creuse seulement un trou dans la terre, et y dépose deux œufs de la grosseur de ceux d'une oie,
et qui sont d'un brun-olivâtre pâle, marqués de
petites taches plus foncées. La femelle quitte quelquefois ses œufs pour aller chercher sa nourriture;
mais si, pendant ces courtes absences, quelqu'un
les touche ou les frappe seulement de son haleine,

on prétend qu'elle s'en aperçoit à son retour, et qu'elle les abandonne. Les petits suivent la mère aussitôt qu'ils sont éclos, mais ils ne sont pas capables de voler de long-temps.

Suivant les naturalistes français, l'outarde appartient à l'ancien continent : elle se nourrit de grains, d'herbe, de toutes sortes de semences, ainsi que de vers : elle avale aussi tout entiers de petits oiseaux, des grenouilles et des souris : dans l'hiver, elle mange souvent l'écorce des arbres. M. de Buffon dit que dans l'estomac d'une outarde, qui fut ouverte par MM. de l'Académie, on trouva, outre une grande quantité de petites pierres, quatre-vingt-dix doublons, tous usés et polis dans les endroits exposés au frottement.

La chair de ces oiseaux a toujours été regardée comme très-délicate. On se sert de leurs pennes comme on fait de celles d'oie ou de cygne pour écrire ; et les pêcheurs les recherchent pour les attacher à leurs hameçons, parce qu'ils croient que les petites taches noires dont elles sont émaillées paraissent autant de petites mouches aux poissons qu'elles attirent par cette fausse apparence.

Dans quelques parties de la Suisse, on trouve au fort de l'hiver des outardes gelées dans les champs ; mais on les fait revenir promptement en les exposant à la chaleur. On croit que ces oiseaux vivent à peu près quinze ans-; mais on ne peut pas les faire propager dans l'état de domesticité, et il est probable que c'est faute de pouvoir leur procurer en assez grande quantité la nourriture qui leur convient le mieux.

La petite outarde ne diffère de la grande que par la taille; elle n'est pas plus grosse qu'un faisan ; elle a dix-sept pouces de long. On la trouve dans plusieurs parties de l'Europe ; mais elle n'est pas commune en France, et on n'en a rencontré que trois ou quatre fois en Angleterre.

Il y a six ou sept espèces de cet oiseau : deux ou trois (notamment le boubaara et le rhaad, particulières à l'Afrique), sont ornées d'une crête, et ne diffèrent de celles d'Europe que par les couleurs du plumage. On ne trouve aucune espèce d'outarde en Amérique.

LE PIGEON.

La grande fécondité de cet oiseau a engagé l'homme à l'arracher à la vie sauvage, pour le mettre sous sa dépendance, et il y a réussi. Les plus belles variétés du pigeon domestique tirent leur origine du biset ou pigeon sauvage. Cet oiseau, dans l'état de nature, est d'une couleur cendrée presque bleu foncé : la poitrine est nuancée de vert et de pourpre ; les côtés du cou sont rouge doré ; les ailes sont marquées de deux lignes noires ; le dos est blanc, et la queue rayée de noir à l'extrémité. Telles sont les couleurs du pigeon sauvage : mais l'homme, par ses artifices, a trouvé le moyen de les varier de telle sorte, qu'on ne pourrait ni se l'imaginer, ni le décrire. Cependant la nature a conservé à toutes ces variétés les mêmes inclinations et les mêmes habitudes.

Les pigeons ont le bec mince et faible, droit à sa base, avec une légère protubérance, dans laquelle sont placées les narines. Les jambes sont courtes et rouges dans la plupart des espèces. Les ongles sont séparés à leur naissance. La voix de ces oiseaux est triste et plaintive.

Les variétés du pigeon domestique sont si nombreuses, qu'on essaierait en vain de les décrire toutes. Le mâle et la femelle couvent et soignent ensemble leurs petits ; dans beaucoup d'espèces, ils les nourrissent avec une substance blanche, assez semblable à du lait caillé, qui est contenue dans leur jabot. Pendant l'incubation, la peau du jabot de ces oiseaux, qui auparavant était mince et membraneuse, s'élargit, s'épaissit, prend une forme glanduleuse, très-irrégulière dans l'intérieur. Les jeunes pigeons sont d'abord nourris avec cette seule substance ; au troisième jour, les parens commencent à y mêler un peu de leur nourriture, dont ils augmentent la quantité à mesure que les petits grossissent. Ce qui est singulier, c'est que ces oiseaux ont la faculté de donner cette substance laiteuse seule, et ensuite de la mêler plus ou moins avec leur nourriture ordinaire.

Dans l'état de domesticité, les pigeons sauvages sont très-utiles ; ils font huit à neuf pontes par an ; et quoiqu'ils ne donnent que deux œufs à chacune, leur accroissement est si rapide et si prodigieux, que, dans l'espace de quatre ans, une seule paire de pigeons peut en avoir produit quinze mille.

Pour engager les pigeons à revenir au même lieu, on se sert ordinairement de ce qu'on appelle un *mets salé*, qui est un composé de terre grasse, de vieux plâtre et de sel ; par ce moyen, on attire jusqu'à ceux des colombiers voisins : aussi est-il regardé, pour cette raison, comme illégitime.

M. John Lockman, dans quelques réflexions sur les opéras, placées à la tête de sa pièce de Rosalinda, raconte l'anecdote suivante de l'effet que produisait la musique sur un pigeon. Étant dans la maison de M. Lee, gentilhomme dont la fille jouait très-bien de la harpe, il remarqua un pigeon qui, chaque fois que cette jeune personne jouait et chantait l'ariette de « *speri si* » dans l'opéra d'Admète de Handel, descendait d'un colombier voisin, se posait sur la fenêtre de la chambre, où elle jouait, et paraissait l'écouter avec émotion. Aussitôt qu'elle avait fini, il retournait à son colombier.

Des différentes variétés du pigeon, les messagers sont, à juste titre, les plus célèbres. Ils ont reçu ce nom, parce qu'on s'est servi d'eux pour envoyer des lettres d'un lieu à un autre. Anciennement, le gouverneur d'une ville assiégée les employait pour demander du secours aux généraux; les princes, pour apprendre à leurs sujets la nouvelle de quelque événement heureux, et les amans, pour envoyer des billets à leurs maîtresses. Lithgon assure qu'un de ces pigeons porta une lettre de Babylone à Alep en quarante-huit heures; voyage pour lequel un homme mettait trente jours. Un autre dont il est parlé dans le registre annuel de 1765, fit, dans l'espace de quatre heures, le voyage de Bury-S.-Edmond à Londres, qui en est éloigné de soixante et douze milles. Le messager se distingue facilement des autres variétés par un large cercle de peau nue et blanche autour des yeux, et par son plumage bleu noirâtre.

Le ramier est la plus grande espèce de pigeon.
Il pèse ordinairement douze onces. La femelle
bâtit son nid sur les branches d'arbres, particulièrement sur celle du pin. Le nid est grand et ouvert, construit avec de petites branches sèches.
Les œufs sont plus gros que ceux du pigeon domestique. Le ramier se nourrit de graines, ainsi
que le messager; cependant M. White tua une fois
un ramier, dans le jabot duquel il trouva de petites racines tendres de navets. On a souvent essayé
de soumettre les ramiers à l'état de domesticité,
en faisant couver leurs œufs par les pigeons communs dans les colombiers; mais aussitôt que les
petits ont pu voler, ils se sont toujours échappés.
M. Montagu s'est donné à cet égard beaucoup de
peine, sans pouvoir jamais réussir. Ce gentilhomme
avait élevé un assemblage curieux d'oiseaux qui
vivaient ensemble dans la plus parfaite union :
un pigeon commun, un ramier, une chouette,
et un faucon. Le ramier dominait sur tous les
autres.

En Angleterre, les ramiers s'assemblent en
grandes troupes au commencement de l'hiver, et
leur nombre à cette époque est si grand, en com-
paraison de ce qu'on en voit dans le reste de
l'année, qu'on ne peut pas douter que la plus
grande partie ne quitte le pays au printemps. On

suppose qu'il y en a beaucoup qui vont passer la belle saison en Suède. Ils commencent à couver au mois de mars.

Outre les variétés qu'on vient de nommer, il y a encore les pigeons culbutans, les patus, les nonnains, le pigeon-paon, le pigeon-cravate, le pigeon-heurté, le pigeon-cuirassé, le pigeon-cavalier, le pigeon-hirondelle, le pigeon-carme, le pigeon grosse-gorge, le pigeon mondain, etc., qui tirent leurs noms de leurs propriétés respectives.

La tourterelle est l'oiseau le plus petit et le plus sauvage de toutes les espèces de pigeon; il est remarquable par sa constance et sa fidélité, et par cette raison, il est devenu l'emblême de l'amour conjugal. On dit que d'une paire des ces oiseaux mise en cage, si l'un des deux meurt, l'autre lui survit rarement. La voix de la tourterelle est singulièrement tendre et plaintive. Le mâle se prosterne devant la femelle dix-huit ou vingt fois de suite, et il accompagne ces salutations des gémissemens les plus tendres. Ces oiseaux ne séjournent ici que quatre ou cinq mois; pendant ce court espace de temps, ils nichent, pondent et élèvent leurs petits, au point de pouvoir les emmener avec eux.

LE PIGEON DE PASSAGE.

Il est de la grosseur du pigeon commun : le bec est noir, le tour des yeux cramoisi, la tête, la gorge et les parties supérieures du corps sont cendrées, les côtés du cou pourpre-changeant, le milieu du cou et la poitrine couleur de vin ; le dessous du corps est de même, mais un peu plus pâle ; la queue est longue, les jambes sont rouges et les ongles noirs.

Ces oiseaux visitent par troupes énormes les différentes parties de l'Amérique septentrionale. On en voit rarement dans les provinces méridionales lorsque le temps est doux. Ils changent de lieu pour chercher leur nourriture, qui consiste eu glands et en toutes sortes de baies.

M. Blackburne, dans une lettre à M. Pennant, dit qu'en Amérique on tue une grande quantité de ces oiseaux pour les manger, et qu'ils ont été d'un grand secours aux soldats dans l'année où Québec fut pris. Lorsque La Hontan fut dans le Canada, le nombre de ces oiseaux était si prodigieux, qu'il y en avait sur les arbres plus que de feuilles, et on prétend en avoir tué alors, dans l'espace de dix-huit à vingt jours, une quantité suffisante pour nourrir un millier d'hommes.

Les pigeons de passage deviennent très-gras pendant leurs voyages ; ils dirigent toujours leur vol du côté de l'est. M. S.-John trouva dans le jabot d'un de ces oiseaux, des grains de riz non digérés, quoiqu'il fût au moins à cinq cents milles du champ de riz le plus voisin ; il en conclut que leur vol était aussi rapide que le vent, ou qu'il interrompait leur digestion.

Les Indiens veillent souvent la nuit sous les arbres où sont perchés ces oiseaux, et, leur frappant la tête, les font tomber par milliers. Ils en conservent l'huile ou la graisse, dont ils se servent au lieu de beurre. Autrefois il n'y avait pas une petite ville de l'Inde qui ne pût vendre par an quatre cents pintes de cette huile.

M. Dupratz, tandis qu'il était en Amérique, plaçait, sous les arbres ou étaient perchés ces oiseaux, des vaisseaux remplis de soufre allumé, dont la fumée en faisait tomber un nombre immense sur la terre.

Les colons prennent ordinairement ces pigeons dans des filets étendus sur la terre. Ils les y attirent avec des oiseaux de leur espèce, apprivoisés, auxquels ils ont crevé les yeux, et qu'ils attachent à une corde. Les cris de ces malheureux captifs font accourir les autres, autant par curiosité que pour tâcher de les secourir, et ils se trouvent pris sur-le-champ dans le piége.

PIGEONS VERTS A TÊTE GRISE
D'ANTIGUE.

Il y a peu d'espèces qui soient aussi généralement répandues que celles du pigeon ; comme il a l'aile forte et le vol soutenu, il peut faire aisément de longs voyages : aussi la plupart des races sauvages ou domestiques se trouvent dans tous les climats ; depuis l'Égypte jusqu'en Norwège, on élève des pigeons de volière ; et quoiqu'ils prospèrent mieux dans les climats chauds, ils ne laissent pas de réussir dans les pays froids, tout dépendant des soins qu'on leur donne ; et ce qui prouve que l'espèce en général ne craint ni le chaud ni le froid, c'est que le pigeon sauvage, ou biset, se trouve également ment dans presque toutes les contrées des deux continens.

Dans les îles de Luçon et d'Antigue habitent plusieurs sortes de pigeons verts, qu'on peut rapporter à la même espèce, puisque les différences de leur plumage sont très-légères, et qu'elles ne suffisent pas pour établir des races bien tranchées.

Le pigeon vert des îles de Luçon et d'Antigue a la stature de notre ramier ; un gris pâle recouvre la tête, et le cou est teint d'une couleur de lilas lavé ; sur la poitrine se voit une large tache d'un jaune foncé ; un joli vert de pomme colore les couvertures des ailes, qui sont en outre bordées par une raie jaune ; les pennes de la queue et des ailes sont noires, et un brun rouge lavé se remarque sur le croupion ; le ventre est coloré en vert pâle et jaunâtre ; le bec est gris et court ; les pieds sont d'un rouge-violâtre obscur ; la femelle a la tête et le dessus du corps d'une couleur de vert-de-gris, et en dessous d'un vert céladon ; les ailes sont noires, avec des bordures jaunes ; les pieds sont cendrés.

L'autre pigeon vert qui se trouve à l'île Panay et à celle d'Antigue, est de la taille de notre biset ; un gris-blanc colore sa tête, et un brun rougeâtre revet la nuque, le cou et les côtés ; cette couleur lance même au soleil des reflets brillans, comme le cuivre rosette ; un gris obscur recouvre le ventre et les flancs ; on voit un vert brillant qui a un éclat métallique sur les petites plumes des ailes. Cette couleur change suivant l'aspect de la lumière, ainsi que la gorge du pigeon ordinaire,

les grandes pennes de l'aile et de la queue sont
noires; le bec et les pieds sont d'une couleur
sanguine, et l'iris est jaune. On pourrait rapprocher ces pigeons des tourterelles que Buffon appelle *turvert*.

LE PIGEON POMPADOUR.

Brown a décrit cette espèce nouvelle de pigeon
qui habite dans l'île de Ceylan, et qui n'était pas
encore connue. Cet oiseau se plaît sur les grands
arbres, et sa chair est fort estimée des naturels de
l'île ; sa taille est moins forte que celle de notre
tourterelle, et on le prend facilement avec de la glu.
Comme sa gorge et les côtés de sa tête sont d'un
jaune fort beau, les Anglais le nomment *yelow fa-
ced pigeon*. Son plumage est, en général, de couleur verdâtre ; les couvertures de ses ailes sont d'un
beau rouge purpurin, et leurs grandes pennes sont
noires, avec une raie jaune qui les borde ; le bec est
bleu, et la queue est fort longue.

LE PIGEON A AILES ROUGES
DE LA MER DU SUD.

Oɴ a rapporté des îles d'Otaïti , de Tanna et d'Eimeo , plusieurs variétés de ce pigeon; sa longueur est de neuf pouces et demi ; son plumage est noir en général , avec le front et les sourcils blancs. Vers la nuque , sur les couvertures des ailes , on voit un plumage d'un rouge extrêmement éclatant; la queue est cendrée depuis sa base jusqu'à son milieu , et les pieds sont bruns ; le bec est jaune ou noir ; il y a une variété qui a la gorge et la poitrine blanches , avec des sourcils de couleur ferrugineuse ; la queue et les grandes pennes des ailes sont noirâtres. Dans une autre variété de Tanna, la couleur du plumage est d'un noir rougeâtre ; les pieds sont rouges , la poitrine et les sourcils blancs.

———

LE PIGEON CENDRÉ FERRUGINEUX DES ILES DE LA MER PACIFIQUE.

C'est ainsi que Latham a nommé une nouvelle espèce de pigeon qui est répandue dans plusieurs îles de la mer du Sud, et principalement aux îles des Amis. Labillardière l'y a trouvée aussi dans son voyage à la recherche de La Peyrouse. Le corps de cet animal est cendré, et d'un vert noirâtre très-poli, brillant comme un métal sur le dos; le croupion est de couleur ferrugineuse en dessous; la poitrine est teinte en gris vineux; les pennes des ailes sont brunes; celles de la queue sont d'un noir éclatant, avec des reflets verts; les pieds sont rouges, et quelquefois bruns ou noirs; la gorge est blanchâtre près du bec; les narines sont renflées, et le bec est noir.

LE PIGEON A BEC RECOURBÉ.

Cette espèce de pigeon se trouve à l'île de Tanna. Sa longueur est de plus de sept pouces; il est vert et jaunâtre dans la partie inférieure de son corps; son dos et les couvertures de ses ailes sont de couleur de canelle légère, et les ailes portent deux bandes jaunes; les pennes intermé-

diaires de l'aile sont vertes, et celles des côtés sont
cendrées, avec une bande noire. Mais ce qui est
remarquable dans cet oiseau, c'est son bec aigu
et recourbé comme une carène; l'extrémité en
est fortement abaissée; il faut que la nature de
ses alimens se rapporte avec cette conformation
étrange dans la famille des pigeons. Au reste, sa
couleur est jaune, et rouge vers sa base. La queue
est arrondie; il y a une variété qui a les-épaules
et le dos verts.

LE PIGEON RAMIER BLANC
MUSCADIVORE.

Cet oiseau habite la Nouvelle-Guinée; il vit principalement de muscades, qu'il rend sans les avoir
digérées. Sa tête, sa poitrine, son cou, ses cuisses,
son ventre, et les deux tiers de la queue, sont
blancs, ainsi que la moitié antérieure des ailes. Un
gris clair colore les pieds et le bec; l'iris est teint
en jaune, et le bout de la queue est noir, ainsi
que les pennes des ailes.

LE PIGEON VIOLET A TÊTE ROUGE D'ANTIGUE.

Sa taille approche de celle du pigeon appelé jacobin. De chaque côté du bec, à ses coins, s'étend une membrane rouge charnue qui entoure les yeux. Des plumes fines, disposées en calotte, et d'un rouge très-éclatant, recouvrent le sommet de la tête. Un gris bleuâtre colore le cou, le haut du dos et la poitrine; mais cette couleur s'éclaircit sur cette dernière partie. Un beau noir soyeux et velouté revêt le dos, le ventre, les ailes et la queue. Ce noir se reflète en violet et en bleuâtre. L'iris est gris, et rouge dans son cercle extérieur. Une couleur grise se remarque sur les pieds et le bec.

LE PIGEON RAMIER A COLLIER POURPRE.

L'île d'Eimeo, dans la vaste mer du Sud, nourrit un joli pigeon assez gros, puisqu'il a quatorze pouces de longueur. Ce qui le distingue, c'est un

collier pourpre sur la poitrine, accompagné d'une
bande blanche. Le front et la gorge sont d'une couleur vineuse; le sommet de la tête et la nuque sont
bruns. Les côtés de la tête sont couverts de plumes
noires; le bec et les ongles sont aussi de cette couleur. Un beau jaune mordoré revêt les côtés du cou,
et cette couleur se change, par nuances successives,
en un beau pourpre.

LA TOURTERELLE.

La tourterelle aime, peut-être plus qu'aucun
autre oiseau, la fraîcheur en été, et la chaleur en
hiver; elle arrive dans notre climat fort tard au
printemps, et le quitte dès la fin du mois d'août;
au lieu que les bisets et les ramiers arrivent un
mois plus tôt, et ne partent qu'un mois plus tard;
plusieurs même restent pendant l'hiver. Toutes
les tourterelles, sans en excepter une, se réunissent en troupes, arrivent, partent et voyagent
ensemble; elles ne séjournent ici que quatre ou
cinq mois; pendant ce court espace de temps,
elles s'apparient, nichent, pondent, et élèvent
leurs petits au point de pouvoir les emmener

avec elles. Ce sont les bois les plus sombres et les plus frais qu'elles préfèrent pour s'y établir; elles placent leur nid, qui est presque tout plat, sur les arbres les plus hauts, dans les lieux les plus éloignés de nos habitations. En Suède, en Allemagne, en France, en Italie, en Grèce, et peut-être encore dans des pays plus froids et plus chauds, elles ne séjournent que pendant l'été, et quittent également avant l'automne; seulement Aristote nous apprend qu'il en reste quelques-unes en Grèce, dans les endroits les plus abrités; cela semble prouver qu'elles cherchent les climats très-chauds pour y passer l'hiver. On les trouve presque partout dans l'ancien continent; on les retrouve dans le nouveau, et jusque dans les îles de la mer du Sud; elles sont, comme les pigeons, sujettes à varier; et, quoique naturellement plus sauvages, on peut néanmoins les élever de même, et les faire multiplier dans des volières.

On connaît, dans l'espèce de la tourterelle, deux races ou variétés constantes : la première est la tourterelle commune ; la seconde s'appelle la *tourterelle à collier*, parce qu'elle porte sur le cou une sorte de collier noir; celle-ci est un peu plus grosse que la tourterelle commune, et n'en diffère pas pour le naturel et les mœurs. On peut même dire qu'en général les pigeons, les ramiers, et les tourterelles se ressemblent encore plus par l'instinct et les habitudes naturelles, que par la figure : ils mangent et boivent de même sans relever la tête, avant d'avoir avalé toute l'eau qui leur est nécessaire ; ils volent de même en troupes. Dans tous, la voix est plutôt un gros murmure ou un gémissement plaintif, qu'un chant articulé : tous ne produisent que deux œufs, quelquefois trois, et tous peuvent produire plusieurs fois l'année, dans des pays chauds ou dans des volières.

M. de La Borde parle des tourterelles de Cayenne, appelées *tourtes* dans le pays. Elles y sont communes, et se nourrissent de préférence de graines d'oranger et de citronnier. On les tue à l'affût sous ces arbres. Elles s'assemblent au nombre de dix à douze dans le même lieu pour manger ; dans les temps secs elles vont boire aussi en grand nombre. Elles ne produisent que dans la saison des pluies, deux œufs, rarement trois, de couleur blanche : elles posent leur nid dans des halliers, sur de petits arbres, où elles ajustent quelques petites branches mortes. Elles sont faciles à apprivoiser.

Il y a encore de petites tourterelles nommées *ortolans*, qui pondent à terre deux œufs dans les

savanes ou dans des buissons. Elles ont une es—
pèce de roucoulement qu'elles répètent ordinairement trois fois en traînant.

Le même observateur fait encore mention des
tourterelles des savanes , appelées *petits ramiers
de savane*. On les reconnaît à quelques plumes
de couleur vive de gorge de pigeon , qu'elles portent à la partie latérale du cou , près de la tête
de chaque côté. Leur demeure habituelle est communément une savane à proximité de quelque
bosquet , qui se remarque d'espace en espace.
Leur ponte est dans le temps des pluies , et même
pendant toute l'année ; car on trouve de leurs
œufs et de leurs petits en toute saison , comme
dans l'espèce des ramiers et des autres tourterelles.

LA TOURTERELLE ENSANGLANTÉE.

Sonnerat a décrit deux tourterelles qui ont une tache sanglante sur les plumes de leur poitrine, comme si elles avaient été blessées à mort en cette partie d'un coup de poignard. Cette marque de férocité, empreinte sur un animal si doux et si plein d'innocence, rappelle à l'homme que le faible porte souvent ainsi les stigmates de la violence dans notre propre espèce, tandis que les races puissantes et déprédatrices se couvrent des livrées du plaisir et des décorations de l'opulence. Une de ces tourterelles est toute blanche, à l'exception de cette marque ensanglantée sur la gorge et la poitrine; ses yeux et son bec sont rouges.

L'autre a la tête, le ventre et les ailes distingués de la précédente, par trois bandes grises transversales : et la tache sanglante ne s'étend point sur la gorge, qui est blanche, mais seulement sur la poitrine. Ces oiseaux habitent aux îles Manilles.

LA TOURTERELLE DE SURINAM.

On trouve dans cette île une tourterelle longue de dix pouces, qui pose son nid sur les plus hauts arbres et dans les forêts les moins fréquentées, les plus sauvages. Elle pond deux fois par an; sa chair est très-estimée dans le pays. Son plumage cendré est blanchâtre sous le corps; sa gorge noire reflète des rayons verdâtres; les plus grandes pennes de ses ailes sont brunes, et les intermédiaires cendrées. Le bec de cet oiseau est long, bleu en dehors, et rouge en dedans.

LA TOURTERELLE AUX AILES DORÉES.

Dans son voyage à la Nouvelle-Galles du Sud, le capitaine Phillip décrit ce joli animal. « Sa taille est celle d'un gros pigeon, dit-il; la couleur générale de son plumage est cendré-brun dans les parties supérieures du corps. Chaque plume est bordée de blanchâtre; le dessous du corps est d'un gris-blanc; le dessus des ailes est de la même couleur que le dos. Une grande tache ovale, bronzée, se remarque près du bout de chaque penne de l'aile. Ces taches, lorsque les ailes sont fermées, forment, par leur réunion, deux bandes d'une blancheur éclatante, qui change en rouge, en vert, en cuivré, selon les divers reflets de la lumière. D'autres plumes des couvertures des ailes ont aussi des taches blanches placées irrégulièrement. La tige des plumes est rousse, et leur bord extérieur est d'un roux pâle; la queue est composée de seize pennes cendrées, avec une bande noire à leur extrémité. Les deux plumes du milieu sont brunes; un rouge foncé est la couleur du bec et des pattes; la gorge est d'un gris clair, et le front pâle. »

John White, dans son voyage au port Jackson, observa aussi cette espèce de pigeon. Ses ailes sont couvertes de points brillans, d'un jaune éclatant et doré, et les reflets verts et cuivrés de son plumage sont remarquables suivant son exposition à la lumière. La poitrine est d'une couleur vineuse comme chez nos pigeons; une couleur de buffle revêt le dessous du cou. Une ligne rouge-brun se prolonge depuis la racine du bec jusqu'à l'œil.

C'est une des plus jolies espèces de pigeons qu'on connaisse. Labillardière, qui en tua aussi à la Nouvelle-Hollande, l'avait déjà trouvée au cap de Diémen, et il paraît qu'elle abonde dans la plus grande partie du continent de la Nouvelle-Hollande.

Nous citerons ici l'extrait d'un ouvrage arabe intitulé : *la Colombe messagère, plus rapide que l'éclair, plus prompte que les nuages ;* par Michel Sabbagh, qui donne les moyens d'instruire les pigeons à porter des messages.

« Dès que le pigeonneau est emplumé, dit l'auteur arabe, il faut l'instruire à manger dans la main d'une personne, et à boire dans sa bouche, jouer avec lui, et l'habituer insensiblement à suivre. Cet exercice doit être répété deux ou trois fois par jour.

« Aussitôt que le pigeon sera assez fort pour voltiger, on l'accouplera avec un autre de sexe différent, qui aura reçu la même éducation. Lorsqu'ils seront l'un et l'autre en état de voler, on les mettra dans une cage que l'on fera porter à l'endroit où l'on veut faire parvenir ces messages. On aura soin seulement de tenir cette cage découverte, car il est essentiel que les pigeons voient la route et la reconnaissent.

« Arrivés en cet endroit, on les gardera ren-

fermés pendant un mois au moins, avec l'attention de jouer avec eux, de les toucher plusieurs
fois par jour, et d'entretenir la familiarité qu'ils
ont reçu dans leur première éducation. Alors on
en laisse un seul à cette maison, et l'on reporte
l'autre à sa première résidence.

« Lorsqu'on lâche l'un des deux, il ne s'arrête
pas en route : il n'y a ni blé ni arbre qui puisse
le retenir un moment, parce que le désir de
retrouver son compagnon, le porte à accélérer
son voyage.

« La lettre confiée à l'oiseau doit être écrite sur
le papier le plus fin et le plus léger, afin de ne
point embarrasser son vol. On la met à plat sous
l'aile où elle est fixée par une épingle qui passe
dans une des plus grosses plumes, la pointe en
dehors, et par deux fils qui se croisent. »

On s'est beaucoup entretenu dans les temps de
l'anecdote suivante : le Pape Pie VI venait de
mourir, le 29 août 1798, à Valence, où les républicains, qui régissaient la France, l'avaient
relégué; lorsqu'une colombe entra dans la chambre du cardinal Chiaramonti, évêque d'Imola,
voltigea autour de sa personne, et revint pendant trois jours consécutifs lui rendre la même
visite. Touché de son assiduité, le vénérable
prélat dit qu'il fallait la nourrir et en prendre

soin. Mais après sa troisième apparition, on ne la revit plus. Lorsqu'on apprit que Pie VI était mort dans sa captivité , on fit le rapprochement de son décès avec la première visite de la colombe , il se trouva que les deux événemens coïncidaient parfaitement l'un avec l'autre. Le digne évêque d'Imola , craignant peut-être que l'on n'en tirât quelqu'induction qui lui fût favorable , défendit à toute sa maison d'en parler, et ce n'est qu'après son élection au potificat que le fait a été rendu public , ainsi que le présage qu'en avait tiré le professeur Antoine Lambertenghi dans une ode italienne dont voici le sens littéral : « La
» mort venait de frapper Pie VI et de conster-
» ner le monde chrétien ; la Seine seule , d'un
» air insultant , se réjouissait au milieu du deuil
» universel...... Mais il est une Providence , et
» l'impie s'applaudit en vain de voir livré au
» trépas l'objet de sa haine. Il va se lever, celui
» qui , destiné à de grandes choses , va renver-
» ser d'iniques et criminelles espérances. Non, je
» ne m'abuse pas : étendant ses ailes rapides au-
» tour du nouveau pontife, une brillante co-
» lombe annonce au monde la punition des mé-
» chans, l'arche du salut, et l'olivier de la paix. »
Tout s'est réalisé !

LA CAILLE.

La caille est moitié moins grosse que la perdrix, à qui elle ressemble beaucoup pour la figure et les mœurs ; les plumes de la tête sont noires ; bordées de brun ; la poitrine est d'un jaune-rougeâtre pâle , tachetée de noir ; le dos est marqué de lignes jaune paille. Quoique les cailles aient avec les perdrix plusieurs rapports dans la manière dont elles se nourrissent , dont elles forment leur nid et élèvent leurs petits (et qu'on les appelle quelquefois perdrix naines) , cependant elles en diffèrent à d'autres égards. Les cailles sont oiseaux de passage ; elles n'ont point derrière les yeux cet espace nu et sans plumes qu'ont les perdrix , ni ce fer à cheval que les mâles de celles-ci ont sur la poitrine ; leurs œufs sont plus petits et d'une tout autre couleur ; leur voix est aussi différente. Les cailles se réunissent rarement par compagnies , excepté lorsque la couvée , encore jeune , demeure attachée à la mère dont les secours lui sont nécessaires , ou, lorsqu'une même cause agissant sur toute l'espèce à la fois et en même temps , on en voit des troupes nombreuses traverser les mers et aborder dans le même pays. Elles sont aussi moins rusées que les perdrix , et plus faciles à attirer dans le piége , surtout quand elles sont encore jeunes et sans expérience.

La femelle pond ordinairement dix œufs blanchâtres marquetés de brun : le temps de l'incubation est de trois semaines. On s'est trompé en croyant que ces oiseaux faisaient deux couvées par an.

Les cailles se cachent dans les herbes les plus hautes, et y dorment ordinairement pendant le jour. Elles sont si indolentes , qu'un chien pourrait courir sur elles avant qu'elles se soient sauvées ; et quand elles sont forcées de voler, elles vont rarement loin ; on peut les prendre facilement sans filet, pourvu qu'on imite leur cri qui ressemble assez à ce mot : *ouan, ouan* ; ce qu'on fait avec un petit instrument appelé *appeau*.

On trouve de ces oiseaux dans plusieurs parties de la Grande-Bretagne , mais jamais en grande quantité ; leur chair est regardée comme une nourriture excellente : le temps de leur départ de ce pays est au mois d'août ou de septembre. On croit qu'elles passent l'hiver en Afrique ; elles en reviennent au commencement du printemps. On a déjà dit qu'elles dormaient une grande partie de la journée ; si on ajoute à cette circonstance celle de ne jamais les voir arriver de jour, on en pourra conclure que c'est pendant la nuit qu'elles voyagent, et qu'elles n'abandonnent successivement différens pays , que pour passer de ceux où les récoltes sont déjà faites, dans ceux où elles sont encore à faire, ne changeant ainsi de demeure que pour trouver une nourriture convenable pour elles et pour leur couvée. A leur arrivée dans Alexandrie, on en vend au marché en si grande quantité, qu'on peut en avoir trois ou quatre pour un medina (pièce de monnaie qui vaut moins de trois liards). Des équipages de vaisseaux marchands ont été nourris avec ces oiseaux, et des marins ont porté plainte contre leur capitaine, parce qu'il ne leur donnait que des cailles pour toute nourriture.

Il arrive une quantité si prodigieuse de ces oiseaux sur les côtes occidentales du royaume de Naples, aux environs de Nettuno, que sur une étendue de quatre ou cinq milles, on en prend quelquefois jusqu'à cent milliers dans un jour. On en fait passer une grande partie à Rome, où elles sont moins communes; et on les y vend très-cher. Il en arrive aussi des armées au printemps sur les côtes de Provence, particulièrement dans les terres qui avoisinent la mer ; elles sont, dit-on , si fatiguées de la traversée, que les premiers jours on les prend à la main. Dans quelques parties du midi de la Russie, on en prend des milliers à leur passage, qu'on envoie dans des tonneaux à Moscou et à Pétersbourg. Lorsque le vent leur est favorable, on les a vues faire dans une nuit un trajet de cinquante lieues en traversant la mer Noire : distance considérable pour un oiseau dont les ailes sont aussi courtes.

En temps de paix, on fait passer une grande quantité de ces oiseaux, de France en Angleterre : on les choisit presque tous mâles. On en met à peu près une centaine dans une large boîte carrée , divisée en cinq ou six compartimens l'un au - dessus de l'autre, de la hauteur juste de l'oiseau, afin qu'il ne puisse pas se frapper la tête assez fortement pour se tuer. Ces boîtes ont une ouverture grillée et dans chaque compartiment il y a un vaisseau qui contient leur nourriture. Arrangés de cette manière, on peut les transporter très-loin sans aucune difficulté.

Les cailles ont un courage intrépide , et leurs querelles se terminent souvent par la mort mutuelle des combattans. Cette disposition irascible engagea les anciens Grecs et les Romains à les élever aux combats, comme les modernes firent des coqs : les vainqueurs devenaient si considérés qu'Auguste punit une fois de mort un préfet d'Égypte, pour avoir fait servir sur sa table un de ces oiseaux devenu célèbre par ses victoires. Les combats de cailles sont encore un spectacle à la mode en Chine et dans quelques parties de l'Italie.

Un fait singulier prouve que ces oiseaux ont une connaissance innée du terme précis de leurs voyages : on a vu de jeunes cailles élevées dans des cages presque depuis leur naissance, et qui ne pouvaient ni connaître ni regretter la liberté, éprouver régulièrement deux fois par an, pendant quatre années, une inquiétude et des agitations singulières dans les temps ordinaires de la passe : savoir, au mois d'avril et au mois de septembre. Cette inquiétude durait environ trente jours chaque fois, et recommençait tous les jours une heure avant le coucher du soleil : on voyait alors ces cailles prisonnières aller et venir d'un bout de la cage à l'autre, puis s'élancer contre le filet qui lui servait de couvercle, et souvent avec une telle violence qu'elles retombaient tout étourdies : la nuit se passait dans ces efforts inutiles, et le jour suivant elles paraissaient tristes, fatiguées et endormies.

LA FRAISE ou CAILLE DE LA CHINE.

On a donné à cette espèce de caille le nom de *fraise*, à cause de la fraise blanche qu'elle a sous la gorge, et qui tranche d'autant plus que son plumage est d'un brun noirâtre ; sa taille est de quatre pouces : la femelle est plus petite que le mâle.

Ces petites cailles ont cela de commun avec celles de nos climats, qu'elles se battent à outrance les unes contre les autres, surtout les mâles, et que les Chinois font à cette occasion des gageures considérables, chacun pariant pour son oiseau, comme on fait en Angleterre pour les coqs.

C'est surtout cette espèce qu'emploient les Chinois pour s'échauffer les mains en hiver ; car le bois est fort rare chez eux.

LE RÉVEIL-MATIN ou CAILLE DE JAVA.

Cet oiseau, qui n'est pas plus gros que notre caille, lui ressemble parfaitement par les couleurs du plumage, et chante aussi par intervalles ; mais il s'en distingue par des différences nombreuses et considérables: 1°. Par le son de sa voix, qui est très-grave, très-fort et assez semblable à cette espèce de mugissement que poussent les butors en enfonçant leur bec dans la vase des marais ;

2°. Par la douceur de son naturel, qui la rend susceptible d'être apprivoisée au même degré que nos poules domestiques ;

3°. Par les impressions singulières que le froid fait sur son tempérament: elle ne chante, elle ne vit que lorsqu'elle voit le soleil ; dès qu'il est couché, elle se retire à l'écart dans quelque trou où elle s'enveloppe, pour ainsi dire, de ses ailes pour y passer la nuit ; et dès qu'il se lève, elle sort de sa léthargie pour célébrer son retour par des cris d'allégresse qui réveillent toute la maison: enfin, lorsqu'on la tient en cage, si elle n'a pas continuellement le soleil, et qu'on n'ait pas l'attention de couvrir la cage avec une couche de sable sur du linge, pour conserver la chaleur, elle languit, dépérit, et meurt bientôt ;

4°. Par son instinct, car il paraît, par la relation de Bontius, qu'elle l'a fort social, et qu'elle va par compagnie. Bontius ajoute qu'elle se trouve dans les forêts de l'île de Java ; or nos cailles vivent isolées, et ne se trouvent jamais dans les bois ;

5°. Enfin, par la forme de son bec, qui est un peu plus allongé.

Au reste, cette espèce a néanmoins un trait de conformité avec notre caille et avec beaucoup d'autres espèces ; c'est que les mâles se battent entre eux avec acharnement, et jusqu'à ce que mort s'en suive ; mais on ne peut pas douter qu'elle ne soit très-différente de l'espèce commune.

LA CAILLE DE CAYENNE.

Sonnini a trouvé, dans diverses contrées de la Guiane française, un oiseau qui appartient à la famille des cailles. Cet animal n'est point passager, et il vit toute l'année dans le même pays. A la vérité, le temps des pluies, qui tient lieu d'hiver dans ces régions, n'est pas aussi rigoureux que nos hivers d'Europe, et n'arrête pas toutes les productions de la terre ; les animaux qui les habitent peuvent donc y rester continuellement, sans risquer de périr faute de nourriture, comme dans nos saisons d'hiver.

Les cailles de Cayenne vont par compagnies de sept ou huit jusqu'à quinze ou seize; les vieilles sont les plus alertes de la troupe, et se lèvent les premières.

Ces oiseaux habitent de préférence les petits mornes sur la lisière des bois; ils ne sont pas si sauvages qu'on n'en rencontre plusieurs troupes dans le voisinage des habitations. Les jeunes ne se lèvent pas facilement, et se cachent fort bien dans les grandes herbes entrelacées dans les buissons et les petits palmiers épineux, où ils se retranchent.

Au reste, ces oiseaux ne sont pas très-multipliés : ils vivent de diverses graines et d'insectes. Quand ils partent ils ne poussent point de cri, et filent droit tout de suite; leur vol n'est pas élevé de plus de cinq ou six pieds : les cailleteaux éparpillés se rappellent entre eux par un petit sifflement assez semblable à celui de nos perdreaux.

Sonnini rapporte qu'il a vu nourrir en cage de ces oiseaux avec de petits grains; mais ils conservaient toujours un caractère sauvage et farouche, et ils s'agitaient extraordinairement lorsqu'on les approchait.

Cette caille, qui est voisine de celle de Mada-

gascar par les couleurs, quoiqu'elle soit plus petite, a le bec long de neuf lignes, large de six, et
épais de quatre; la mandibule supérieure est convexe et emboîte l'inférieure; elle porte une huppe
de six lignes de hauteur sur la tête; les plumes qui
la forment sont roussâtres, ainsi que la nuque; la
gorge est fauve; les côtés du cou sont gris et noirs;
le dos, le dessous du cou, ainsi que les couvertures
des ailes, sont revêtus de plumes grises, avec une
teinte roussâtre, et ondées de raies noires plus
ou moins fines; vers le croupion, les plumes sont
rousses et noires; les ailes sont longues de quatre
pouces, et leurs pennes sont d'une teinte grise,
lavée de roussâtre; la queue est brune en dessus,
ondée de roussâtre, et en dedans d'un gris lavé
et légèrement ondé; elle dépasse les ailes pliées
d'un pouce; les pieds sont jaunâtres, et les ongles
noirs.

LA GRANDE CAILLE DE MADAGASCAR.

Cette espèce, qui est deux fois plus grande que la caille d'Europe, est reconnaissable à ses pieds roussâtres, à ses bandes blanches surciliaires, à sa gorge, sa poitrine et son ventre noirs, tachetés de blanc; le dessus de son corps est d'un brun fauve avec des stries blanches sur le dos et la nuque; celles-ci sont, en outre, traversées par des bandes noires; une ligne blanche qui commence à chaque coin du bec, passe au-dessous des yeux; le poitrail supérieur est couvert d'une plaque ventre de biche, et cette couleur se remarque encore sur les longues plumes qui revêtent les flancs; les premières pennes des ailes sont d'un brun terreux sale; les suivantes sont noires, avec des bandes blanches; la queue, qui est noire, est sillonnée de lignes jaunâtres; les pieds sont roussâtres, et le bec est noir.

M. Sonnerat, qui a décrit le premier cet oiseau, ne nous apprend rien de ses mœurs.

LA CAILLE A TROIS DOIGTS DE L'ILE DE LUÇON.

Quelque différence que semble devoir établir l'absence d'un doigt dans les oiseaux qui en ont ordinairement quatre à chaque pied, elle n'est cependant pas sans exemple : non-seulement cette espèce, mais la caille de Madagascar, celle de Gibraltar et celle d'Andalousie sont de ce nombre ; la forme extérieure, le port, l'ensemble, tout rapproche cependant ces espèces des autres cailles ; ainsi la nature semble se jouer des méthodes par l'immense variété de ses productions : elle est plus vaste que le cercle dans lequel on voudrait vainement la circonscrire.

Cette caille est d'un tiers plus petite que la nôtre ; sa tête, sa nuque et sa gorge sont d'un noir entremêlé de blanc ; la poitrine supérieure est mordorée, le ventre jaune ; les pieds et le bec sont d'un gris clair ; le dos et les pennes des ailes sont gris avec un bord jaunâtre.

LA CAILLE DE VIRGINIE.

Cette espèce d'oiseau, qui tient le milieu entre les perdrix et les cailles, mérite d'être séparée des autres espèces auxquelles il paraît que Guenau de Montbeillard l'avait rapportée.

Cette caille est moins grosse que notre perdrix grise; son bec est noir, et on lui voit un collier de la même couleur; les tempes et la gorge sont jaunâtres; la nuque, le dos et le croupion sont d'un roux brunâtre mélangé de noir; les pieds, la queue et les ailes sont bruns avec un bord rougeâtre; une bande noire parcourt les côtés de la tête au-dessus de chaque œil, avec une ligne rousse verticale.

Nous devons la connaissance de cet oiseau à Catesby. Il aime à se percher, et fréquente les lieux couverts et les forêts plus que les plaines et les contrées dépouillées de grands végétaux.

Latham fait mention, assez succinctement, d'une perdrix ou plutôt d'une caille verte qui est voisine de la précédente, mais dont nous ignorons le pays originaire. Elle a près d'un pied de longueur; son bec est un peu crochu; sa queue et son croupion sont noirs; son plumage est entièrement verdâtre, à l'exception de ses ailes, qui sont mordorées; le bec est rougeâtre, ainsi que le tour des yeux et les pattes : ces dernières n'ont pas d'ongles à leur doigt postérieur. Cet oiseau, qui sans doute peut faire une espèce particulière, tient aussi le milieu entre la caille et la perdrix; il approche même davantrge de celle-ci que de la première.

LA GÉLINOTTE.

Cet oiseau a quinze pouces de longueur; il est un peu plus gros qu'un pigeon; le bec est noir, et son plumage, en été, est brun clair, élégamment bigarré de lignes noires et de taches brun foncé; la tête et le cou sont marqués de larges barres noires, blanches et couleur de rouille; les ailes et le ventre sont blancs.

Les gélinottes muent au commencement de l'hiver, et leur plumage devient entièrement blanc. Chaque plume (excepté celles des ailes et de la queue) est garnie d'un duvet qui la double pour ainsi dire, et qui rend ce nouveau vêtement excellent pour les garantir du froid. A la fin de février leur plumage d'été reparaît, et les plumes repoussent simples. M. Barrington dit qu'en été leurs jambes et leurs pieds sont nus, mais qu'en hiver ils sont garnis de plumes jusqu'aux ongles ; il n'y a que le dessous qui soit nu. Chaque matin ces oiseaux prennent leur vol perpendiculairement, apparemment pour secouer la neige dont ils sont couverts. Ils vont chercher leur nourriture le matin et le soir, et dans le milieu du jour ils se réchauffent au soleil. Ils se nourrissent des jeunes rejetons de pins, de bruyères, de fruits, et de toutes les baies qui croissent sur les montagnes.

Au commencement d'octobre les gélinottes s'assemblent en troupes de cent cinquante ou deux cents, et vivent parmi les saules, dont elles mangent les sommités. Au mois de décembre elles se retirent, des vallées de la baie d'Hudson, sur les montagnes, où à cette époque la neige est moins épaisse que dans les terres basses, et elles s'y nourrissent de baies. Quelques habitans croient que ces oiseaux font pour l'hiver une provision de ces baies, qu'ils cachent dans des fentes de rochers ; mais ce qu'on croit généralement, c'est qu'à l'aide de leurs ongles longs, forts et crochus, ils forment des creux sous la neige, dans lesquels ils se mettent à l'abri du froid. Pendant l'hiver on les voit souvent voler en grand nombre parmi les rochers.

Quoiqu'on trouve quelquefois de ces oiseaux dans les montagnes du nord de l'Ecosse, cependant ils habitent principalement cette partie du globe qui appartient au cercle asiatique. On en voit très-rarement dans le Danemarck : on ne sait par quel accident, il y a quelques années, il s'en égara un à une centaine de milles de Stockholm, qui alarma vivement le peuple du voisinage ; d'après leur cri extraordinaire qu'ils ne font entendre que pendant la nuit, le bruit se répandit bientôt que le bois que celui-ci avait choisi pour asile était hanté par un esprit. La terreur était devenue si forte, que rien au monde n'aurait pu engager les postillons à passer ce bois après le coucher du soleil. Heureusement, l'esprit fut bientôt chassé : quelques gentilhommes envoyèrent leurs gardes chasser dans le bois au clair de la lune ; ils eurent bientôt découvert et tué l'innocent animal.

Ces oiseaux sont si stupides, qu'on peut sans difficulté les frapper sur la tête, et les attirer dans quelque piége que ce soit. Ils allongent souvent le cou, comme par curiosité, et ne se dérangent point, tandis que l'oiseleur les vise. Lorsqu'ils sont effrayés, ils s'envolent, mais ils retombent immédiatement tout effarés aux pieds de leurs ennemis. Lorsque la femelle est tuée, on dit que le mâle, qui ne veut pas l'abandonner, se laisse tuer facilement. Ils sont si peu effrayés à la présence de l'homme, qu'ils se laisseraient conduire comme un troupeau de volaille ; cependant, avec cette douceur et cette docilité apparentes, il est impossible de les apprivoiser ; car aussitôt qu'ils sont pris, ils refusent de manger, et meurent bientôt après. Ils font leur nid sur la terre, et pondent de six à dix œufs bruns tachetés de rouge-brun.

La manière la plus usitée de prendre ces oiseaux est avec un filet de vingt·pieds carrés, attaché à quatre perches, après lesquelles est liée une longue corde, dont quelqu'un, caché à une certaine distance, tient le bout. D'autres personnes chassent ces oiseaux pour les faire entrer dans le filet, qu'on laisse alors tomber sur la terre, et qui en couvre quelquefois jusqu'à soixante. Ces oiseaux sont en si grand nombre dans l'Amérique septentrionale, qu'on en prend souvent plus de dix mille, entre les mois de novembre et de mai, surtout dans les environs de la baie d'Hudson.

Les Lapons les prennent par le moyen d'une haie formée de branches de bouleaux, ayant, à de certains intervalles, de petites ouvertures dans cha-

cine desquelles il y a un piége ; les gélinottes y
sont prises sur-le-champ en voulant manger les
boutons et les chatons des bouleaux.

La chair de ces oiseaux est excellente ; elle est,
dit-on, si semblable à celle du coq commun de
bruyère, qu'on a peine à l'en distinguer.

LA GÉLINOTTE DE LAPONIE.

On peut reconnaître facilement cette espèce à la
ligne surciliaire formée d'une membrane rouge
qui couronne ses yeux. Le cou est d'une teinte
ferrugineuse, avec des taches noires. Le dos et
les couvertures des ailes et de la queue sont noirs,
avec des barres ferrugineuses. La poitrine est
blanche ; des taches jaunâtres parsèment le plumage des femelles. Les premières pennes des ailes
et de la queue sont bordées de blanc à leur extrémité.

Cet oiseau se plait dans les forêts et les montagnes. Si l'aspect du chasseur l'épouvante, il
pousse, en fuyant, une clameur sonore, qui ressemble au rire à gorge déployée. La femelle dé-

pose douze à quinze œufs de la taille de ceux d'une poule, mais qui sont rougeâtres, avec de grandes marbrures brunes. La chair de cet animal est assez estimée ; mais le palais grossier des Lapons sait assez peu en distinguer la délicatesse.

LA GÉLINOTTE DES NAMAQUOIS.

Nous devons à M. Latham la description de cette nouvelle espèce de gélinotte. C'est dans cette partie de l'Afrique, habitée par les hordes des Hottentots namaquois, c'est au milieu de ces arides et brûlans déserts qu'elle a fixé sa demeure. On la voit accourir et voler en nombreuses troupes vers les sources d'eaux-vives pour éteindre la soif qui la consume. Elle recueille les graines éparses des graminées de ce pays. Sa grandeur est moindre que celle de notre perdrix, elle a moins de neuf pouces de longueur. Au reste, elle ressemble beaucoup à la gélinotte des Pyrénées.

Sa couleur est d'un fauve léger en dessus du corps ; une teinte cendrée revêt la tête, le cou et la poitrine. Sur cette dernière, on remarque un croissant blanc en forme de collier. Sur les cuisses, le cendré se rembrunit. Les pieds, qui sont armés d'un éperon, sont bleuâtres, ainsi que le bec ; les doigts sont noirs.

LA GÉLINOTTE DES SABLES.

Dans ces sables mouvans qui couvrent les immenses déserts où se promène en silence le Volga, et vers le territoire stérile d'Astracan, Pallas a trouvé une nouvelle espèce de gélinotte. Souvent on la voit, pendant le jour, réunie en couples, s'avancer sur les bords humides du fleuve, ou voler doucement et terre à terre. Dans leur vol pesant et lent, ces oiseaux font entendre une voix agréable, flûtée et perçante. La femelle pond, dans un trou qu'elle fait sur le sable, plusieurs œufs semblables à ceux des pigeons.

La forme de cet oiseau, qui a plus d'un pied et demi de long, approche de celle de la gélinotte des Pyrénées. Il a un collier noir et le ventre de la même couleur. Les pennes de la queue, barrées de brun et de gris, ont un rebord blanc à l'extrémité, et les deux intermédiaires sont jaunâtres. Le dessus de la tête, d'un blanc cendré, porte des plumes élastiques, brillantes, qui paraissent tronquées. Une couleur terreuse pâle, des taches rondes et brunâtres se remarquent dans les parties supérieures du corps. La gorge est d'un roux ferrugineux. Les ailes, très-pointues, ont les couvertures orangées. Les jambes sont courtes, les ongles noirs et obtus.

FIN DU TOME TROISIÈME.

TABLE DU TOME TROISIÈME.